P. E. Peters E. Zeitler W. Clauß (Hrsg.)

Qualitätssicherung bei der Anwendung von Kontrastmitteln

Springer-Verlag

Berlin Heidelberg New York
London Paris Tokyo
Hong Kong Barcelona
Budapest

Professor Dr. P. E. PETERS
Institut für Klinische Radiologie
Westfälische Wilhelms-Universität
Albert-Schweitzer-Straße 33, W-4400 Münster
Bundesrepublik Deutschland

Professor Dr. E. ZEITLER
Klinikum Nürnberg, Radiologisches Zentrum
Flurstraße 17, W-8500 Nürnberg
Bundesrepublik Deutschland

Dr. W. CLAUSS
Dept. Monomere Röntgenkontrastmittel
Schering AG
Müllerstraße 170–178, W-1000 Berlin 65
Bundesrepublik Deutschland

Mit 44 Abbildungen

ISBN-13: 978-3-540-55202-4   e-ISBN-13: 978-3-642-47605-1
DOI: 10.1007/978-3-642-47605-1

Die Deutsche Bibliothek – CIP-Einheitsaufnahme
Qualitätssicherung bei der Anwendung von Kontrastmitteln / P. E. Peters ... (Hrsg.). – Berlin : Heidelberg :
New York ; London : Paris ; Tokyo ; Hong Kong ; Barcelona : Budapest : Springer, 1992
NE: Peters, Peter E. [Hrsg.]

Gesamtherstellung: Konrad Triltsch, Graphischer Betrieb, Würzburg
21/3130-5 4 3 2 1 0 – Gedruckt auf säurefreiem Papier

Vorwort

Zu allen Zeiten haben sich die Ärzte um die Qualität ihrer Arbeit bemüht. So gelobten die Schüler des Hippokrates (460–370 v. Chr.)

„Meine Verordnungen werde ich treffen zu Nutz und Frommen
der Kranken, nach bestem Vermögen und Urteil..."

Somit wird mit dem Gesundheitsreformgesetz (GRG) vom 20. 12 1988, in dem die Qualitätssicherung im Gesundheitswesen gesetzlich verankert ist, nur etwas von Staats wegen reguliert, was seit Hippokrates ohnehin Anliegen der Ärzte war.

Qualitätssicherungsmaßnahmen in der Radiologie sind im § 16 der Röntgenverordnung vom 08. 01. 1987 niedergelegt. Hierbei handelt es sich um ein abgestuftes System von Kontrollmaßnahmen zur Sicherung einer adäquaten Bildqualität unter besonderer Berücksichtigung einer geringen Strahlenexposition.

Die technischen Aspekte der Qualitätssicherung – Abnahmeprüfung, Konstanzprüfungen der Röntgeneinrichtung und der Filmentwicklung etc. – sind an anderer Stelle umfassend dargelegt. Mit dieser Monographie wollen wir einen Beitrag zur Qualitätssicherung bei der Anwendung von Kontrastmitteln leisten. Wir orientieren uns dabei an den „Leitlinien der Bundesärztekammer zur Qualitätssicherung in der Röntgendiagnostik" und ergänzen sie in der speziellen Frage der Kontrastmittelanwendungen.

In die hier vorgelegten Empfehlungen, die auf einem Expertengespräch 1991 in Dresden beruhen, sind durch die Auswahl der Referenten Erfahrungen aus den neuen und den alten Bundesländern eingeflossen. So finden sich in einigen Beiträgen vergleichende Darstellungen der sogenannten „Fachbereichsstandards" der ehem. Gesellschaft für Medizinische Radiologie mit den Leitlinien der Bundesärztekammer.

Radiologen verordnen vergleichsweise selten Heilmittel (im Sinne von Hippokrates), um so häufiger sind sie jedoch auf Kontrastmittel angewiesen. Dabei muß sich der verantwortliche Arzt darauf verlassen können, daß diese Pharmaka den höchsten Ansprüchen an Qualität und Sicherheit genügen. Wir sind besonders froh, daß wir ausgewiesene Autoren gewinnen konnten, die die Qualitätssicherungsmaßnahmen bei der Fertigung von Kontrastmitteln, aber auch die erforderlichen Maßnahmen zur Bewahrung der pharmazeutischen Qualität aus der Sicht der Industrie dargestellt haben. Wenn das Produkt Kontrastmittel in einwandfreier Qualität der Fertigungsstätte verläßt, kann es durch den Einfluß von Licht, Röntgenstrahlen und unsachgemäße Lagerung in seiner Güte beeinträchtigt werden. Diese selten beachteten Aspekte der Qualitätssicherung werden in der vorliegenden Monographie berücksichtigt.

Medizinisches Wissen ist ständig im Fluß. Was gestern noch der goldene Standard war, kann morgen schon obsolet sein. Die Diagnostische Radiologie ist von dem raschen Wandel im besonderen Maß betroffen. Wir haben uns „nach bestem Vermögen und Urteil" bemüht, auf der Basis einer Expertenrunde Empfehlungen zur Qualitätssicherung bei der Anwendung von Kontrastmitteln zusammenzustellen.

Wir wünschen diesem Buch eine freundliche Aufnahme und danken im voraus für Kritik und Anregungen, wie man es besser machen könnte.

P. E. PETERS · E. ZEITLER · W. CLAUSS

Inhaltsverzeichnis

Mitarbeiterverzeichnis

Bargon, G. W., Prof. Dr., Universität Ulm, Abteilung Radiologie,
Steinhövelstr. 9, W-7900 Ulm

Faber, P., Dr, Westfälische Wilhelms-Universität Münster,
Klinik und Poliklinik für Urologie, Albert-Schweitzer-Str. 33,
W-4400 Münster

Felix, R., Prof. Dr., Universitätsklinikum Rudolf Virchow,
Standort Charlottenburg, Strahlenklinik und Poliklinik, Spandauer
Damm 130, W-1000 Berlin 19

Forsting, Dr., Ruprecht-Karls-Universität Heidelberg, Neuroradiologie,
Kopfklinik, Im Neuenheimer Feld 400, W-6900 Heidelberg

Goldmann, A., Dr., Universität Ulm, Abteilung Radiologie,
Steinhövelstr. 9, W-7900 Ulm

Haustein, J., Dr., Schering AG, Müller-Str. 170–178,
W-1000 Berlin 65

Herrmann, D., Dr., Schering AG, Pharmazeutische Entwicklung,
Müllerstraße 170–178, W-1000 Berlin 65

Hertle, L., Prof. Dr., Westfälische Wilhelms-Universität Münster,
Klinik und Poliklinik für Urologie, Albert-Schweitzer-Str. 33,
W-4400 Münster

Krings, W., Dr., Westfälische Wilhelms-Universität Münster,
Institut für Klinische Radiologie, Zentrale Röntgendiagnostik,
Albert-Schweitzer-Str. 33, W-4400 Münster

Langer, M., Prof. Dr., Universitätsklinikum Rudolf Virchow,
Standort Charlottenburg, Strahlenklinik und Poliklinik,
Spandauer Damm 130, W-1000 Berlin 19

Langer, R., Priv.-Doz. Dr., Universitätsklinikum Rudolf Virchow,
Standort Charlottenburg, Strahlenklinik und Poliklinik,
Spandauer Damm 130, W-1000 Berlin 19

Laumen, B., Westfälische Wilhelms-Universität Münster,
Institut für Klinische Radiologie, Zentrale Röntgendiagnostik,
Albert-Schweitzer-Str. 33, W-4400 Münster

Lösch, W., Dr., Städtisches Klinikum Nürnberg, Radiologisches
Zentrum, Abteilung Diagnostik, Flurstr. 17, W-8500 Nürnberg

Meyding-Lamadé, U., Dr., Ruprecht-Karls-Universität Heidelberg,
Neuroradiologie/Kopfklinik, Im Neuenheimer Feld 400,
W-6900 Heidelberg

Münster, W., Prof. Dr., Humboldt-Universität zu Berlin, Bereich
    Medizin (Charité), Institut für kardiovaskuläre Diagnostik,
    Schumannstraße 20/21, O-1040 Berlin
Peters, P. E., Prof. Dr., Westfälische Wilhelms-Universität Münster,
    Institut für Klinische Radiologie, Zentrale Röntgendiagnostik,
    Albert-Schweitzer-Str. 33, W-4400 Münster
Platzbecker, H., Prof. Dr., Medizinische Akademie Dresden
    "Carl Custav Carus", Klinik für Radiologie, Fetscherstraße 74,
    O-8019 Dresden
Pott, G., Prof. Dr., Marienkrankenhaus Nordhorn, Abt. Innere
    Medizin, Hannoverstraße 5, W-4460 Nordhorn
Rosenkranz, K., Dr., Universitätsklinikum Rudolf Virchow,
    Standort Charlottenburg, Strahlenklinik und Poliklinik,
    Spandauer Damm 130, W-1000 Berlin 19
Sartor, K., Prof. Dr., Ruprecht-Karls-Universität Heidelberg, Neuro-
    radiol./Kopfklinik, Im Neuenheimer Feld 400, W-6900 Heidelberg
Schörner, W., Prof. Dr., Universitätsklinikum Rudolf Virchow,
    Standort Charlottenburg, Strahlenklinik und Poliklinik,
    Spandauer Damm 130, W-1000 Berlin 10
Schubeus, P., Dr., Strahlenklinik und Poliklinik, Universitätsklinikum
    Rudolf Virchow, Standort Charlottenburg, Spandauer Damm 130,
    W-1000 Berlin 19
Schuierer, G., Dr., Westfälische Wilhelms-Universität Münster,
    Institut für Klinische Radiologie, Zentrale Röntgendiagnostik,
    Albert-Schweitzer-Str. 33, W-4400 Münster
Schwarz, F., Dr., Bezirkskrankenhaus Rostock, Radiologische Klinik,
    Otto-Grotewohl-Ring 81, O-2500 Rostock-Südstadt
Spohn, F., Schering AG, Pharmaendfertigung Charlottenburg,
    Postfach 65 03 11, W-1000 Berlin 65
Stender, H. S., Dr. Prof., Medizinische Hochschule Hannover,
    Zentrum Radiologie, Konstanty-Gutschow-Straße 8,
    W-3000 Hannover
Thelen, M., Prof. Dr., Klinikum der Johannes-Gutenberg-Universität,
    Institut für Klinische Strahlenkunde, Langenbeckstraße 1,
    W-6500 Mainz
Weber, J., Priv.-Doz. Dr., Krankenhaus Rissen, Röntgenabteilung,
    Suurheid 20, W-2000 Hamburg 56
Wiesmann, W., Priv.-Doz. Dr., Westfälische Wilhelms-Universität
    Münster, Institut für Klinische Radiologie, Zentrale Röntgen-
    diagnostik, Albert-Schweitzer-Str. 33, W-4400 Münster
Zapf, S., Dr., Klinikum der Johannes-Gutenberg-Universität, Institut
    für Klinische Strahlenkunde, Langenbeckstraße 1, W-6500 Mainz
Zeitler, E., Prof. Dr., Städtisches Klinikum Nürnberg, Radiologisches
    Zentrum, Abteilung Diagnostik, Flurstraße 17, W-8500 Nürnberg
Zwicker, C., Dr., Universitätsklinikum Rudolf Virchow,
    Standort Charlottenburg, Strahlenklinik und Poliklinik,
    Spandauer Damm 130, W-1000 Berlin 19

Grundlagen der Qualitätssicherung bei der Fertigung von Kontrastmitteln

F. Spohn

Einleitung

Arzneimittel, insbesondere sterile Zubereitungen, wie Kontrastmittel, stellen im Hinblick auf deren Qualitätssicherung eine besondere Stoffklasse dar. Es ist im Gegensatz zu anderen industriell hergestellten Gütern keine hundertprozentige Endkontrolle möglich, weil die qualitätsrelevanten Parameter nur durch Prüfungen, die eine Zerstörung des Produkts zur Folge haben, ermittelt werden können. Das Ziel, reproduzierbar Produkte zu erzeugen, deren Qualität einem festgelegten Standard entspricht, ist unter Berücksichtigung der Prüfverfahren nationaler und internationaler Pharmakopöen mit befriedigender Aussagewahrscheinlichkeit aufgrund der Untersuchungsmusterzahl nicht zu erreichen. Dies gilt insbesondere bei der Bewertung des Sterilitätstests von Parenteralia. Der Begriff Sterilität wird heute so definiert, daß die Wahrscheinlichkeit einer Verkeimung höchstens $1:1\,000\,000$ betragen darf. Der Nachweis der Keimfreiheit von Produkten im Sinne dieses Sterilitätsbegriffs ist mit Hilfe statistischer Aussagen, wie es der Sterilitätstest in den Arzneibüchern darstellt, nicht zu erbringen. Verdeutlicht wird dies durch Tabelle 1, aus der die Annahmewahrscheinlichkeit von Chargen mit verschiedenen Kontaminationsraten und der Anzahl der geprüften Untersuchungsmuster abzulesen ist.

Tabelle 1. Annahmewahrscheinlichkeit von Chargen in Abhängigkeit von Mustermenge und Kontaminationsrate. (Nach Brewer 1957)

Muster-zahl	Kontaminierte Einheiten/Charge [%]						
	0,1	0,3	0,5	1	3	5	10
10	0,99	0,98	0,96	0,91	0,74	0,60	0,34
20	0,98	0,94	0,90	0,82	0,54	0,35	0,11
50	0,95	0,86	0,78	0,61	0,22	0,08	0,005
100	0,91	0,74	0,61	0,37	0,05	0,01	0,00
200	0,82	0,55	0,36	0,13	0,002		
300	0,74	0,41	0,22	0,05			
400	0,67	0,30	0,13	0,02			
500	0,61	0,22	0,08	0,01			

Folglich kann die Qualität von Arzneimitteln nicht nur durch eine Endprüfung gesichert, sondern muß durch einen reproduzierbar ablaufenden, gesteuerten und präventiv gegen äußere Einflüsse wirkenden Herstellungsprozeß erzeugt werden.

Einflußfaktoren

Die Hauptfaktoren, die die Qualität eines sterilen Arzneimittels während der Fertigung beeinflussen können, sind im wesentlichen gegeben durch:
-   die Arbeitsumwelt,
-   das Personal im Produktionsbereich und
-   die Technologie (Tabelle 2).

Durch eine optimale Organisation und Planung sowie durch die betrieblichen Kontrolleinrichtungen („in-process-control") muß das Zusammenspiel der drei Hauptfaktoren so geregelt werden, daß daraus die gewünschte Qualität resultiert. Hierzu ist es auch erforderlich, sämtliche Methoden, Verfahren und Abläufe zu validieren, d. h. sie müssen nach einem festgelegten Programm überprüft werden, ob sie die gewünschte Effektivität bzw. Funktion erreichen. Natürlich muß hier ein Prüfprogramm zur Revalidierung der bei Produktionsaufnahme festgestellten Effektivität einsetzen. Während des Lebenszyklus eines angewandten Systems oder Verfahrens ist also in regelmäßigen Abständen der Nachweis zu erbringen, daß das System sich noch in dem einmal festgestellten, qualitativ einwandfreien Zustand befindet.

Tabelle 2. Hauptfaktoren für die keimfreie, partikelarme Herstellung parenteraler Produkte

Umwelt	Mensch	Technologie
Standort	Gesundheitszustand	- Herstellungsprozeß
Gebäude	Hygienisches Verhalten	- Wirkstoffe
- offen	Bekleidung	- Hilfsstoffe
- geschlossen	Beherrschung der Aufgabe	- Erstbehältermaterial
(Reinheitsklassen)		- Form der Anlieferung
- Raumanordnung		- Weitergabe an den
(Betriebsräume-Sozial-		Betrieb
räume)		- Verarbeitungstechnik
- Raumflächengestaltung		- Apparate und Maschinen
- Betriebsmittelinstallation		- Wartung der Geräte und
Klimatechnik		Maschinen
- Luftqualität		Reinigungsprozeß
- Druckdifferenz der Luft		
zwischen Reinheitsklassen		
Gebäudereinigung und		
-desinfektion		
- Entsorgung		

Gesetzliche Anforderungen

Grundlage für die Qualitätssicherung bei der Fertigung von Kontrastmitteln stellen einerseits die Arzneimittelzulassungsunterlagen, die detailliert beschrieben die Qualitätsmerkmale des Arzneimittels enthalten und andererseits die allgemeinen Anforderungen, die sich aus dem Arzneimittelgesetz, das die Good manufacturing Practice (GMP)-Regeln der WHO (Überarbeitung liegt im Entwurf von 1990 vor) und den Leitfaden einer guten Herstellungspraxis für Arzneimittel der Europäischen Gemeinschaft einschließt, dar.

Weiterhin sind natürlich das deutsche und europäische Arzneibuch zu berücksichtigen, die ebenfalls Bestandteil der Arzneimittelgesetzgebung sind.

Darüber hinaus muß ein international tätiges Unternehmen die Gesetzgebungen und Pharmakopöen seiner Abnehmerländer berücksichtigen. Beispielhaft sind hier die Forderungen der Food and Drug Association, der Aufsichtsbehörde der Vereinigten Staaten von Amerika und der japanischen Behörde genannt.

Industrielle Fertigung

Einen besonderen Aspekt bei der industriellen Fertigung von Kontrastmitteln stellt die enorme Arbeitsteiligkeit dar. Da hier spezialisierte Arbeitsgruppen, die unterschiedlichen Verantwortungsbereichen angehören, die in Abb. 1 dargestellte Fertigungskette bilden, muß zur Überwindung dieser Teiligkeit durch Prozeßkontrollen, die jeden Arbeitsschritt begleiten, sichergestellt werden, daß der Fertigungsabschnitt mit der gewünschten Qualität beendet wurde und die übernehmende Gruppe davon ausgehen kann, ein einwandfreies Ausgangsmaterial für den nächsten Schritt zu erhalten. Dies gilt im übertragenen Sinne auch für alle Ausgangsmaterialien und Zwischenprodukte, die vor der Weiterverarbeitung, z. B. in der Verpackungsabteilung, einer Prüfung unterzogen werden (Abb. 1).

Die Vielfalt der Qualitätssicherungsmaßnahmen soll nun blitzlichtartig beleuchtet werden.

Umwelt – Reinheitsklassen

Die konkreten Anforderungen an Luftqualitäten für die unterschiedlichen Fertigungsstufen von Parenteralia werden in den ergänzenden Leitlinien zum EG-Leitfaden einer guten Herstellungspraxis für Arzneimittel genannt (Tabelle 3).

Daneben werden zur Erhaltung der hygienischen Bedingungen im Produktionsbereich regelmäßig Reinigungs- und Desinfektionsarbeiten vorgenommen, deren Erfolg durch ein Monitoringprogramm, d. h. Prüfung auf Anzahl

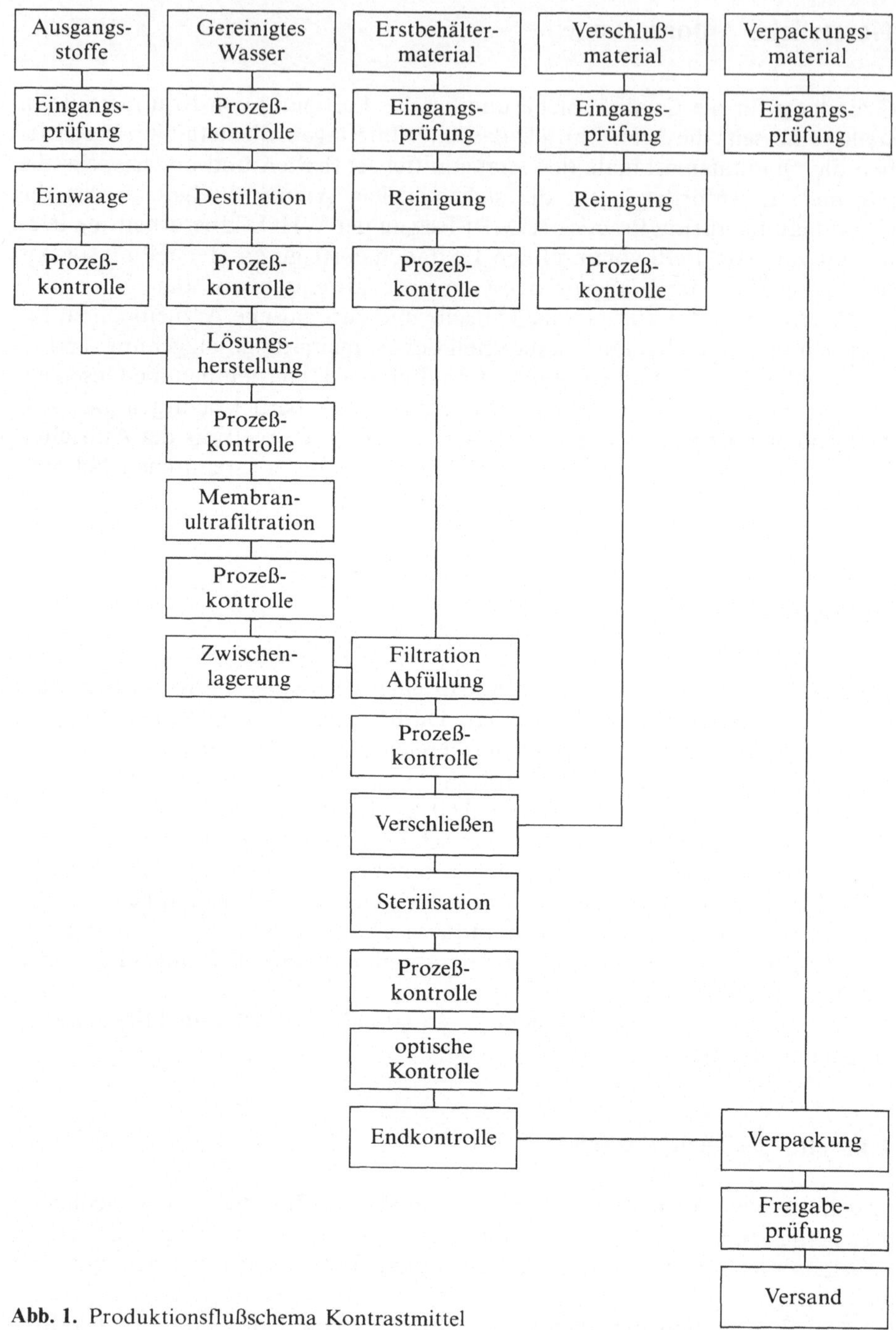

Abb. 1. Produktionsflußschema Kontrastmittel

Tabelle 3. Klassifizierung der Luftqualität für die Herstellung steriler Produkte

Reinheitsklasse	Max. erlaubte Zahl von Partikeln pro m³		Max. erlaubte Zahl an lebensfähigen Mikroorganismen pro m³
	$\geq 0,5\ \mu m$	$\geq 5\ \mu m$	
A Laminarer Luftstrom im Arbeitsbereich	3 500	Keine	Weniger als 1[a]
B	3 500	Keine	5[a]
C	350 000	2 000	100
D	3 500 000	20 000	500

[a] Nur mit einer Vielzahl von Luftproben bestimmbar

von Partikeln und lebensfähigen Mikroorganismen, gesichert wird. Bei der Größe unseres Betriebs werden allein hier pro Jahr etwa 10 000 Prüfungen durch die Prozeßlabore bearbeitet.

Mitarbeiter

Dem Menschen ist als Hauptkontaminationsquelle in der pharmazeutischen Produktion besonderes Augenmerk zu schenken. Intensive Schulungsmaß- nahmen über hygienisches Verhalten im privaten und betrieblichen Bereich sind ebenso wie eine umfassende Ausbildung über die jeweiligen Herstellungs- vorgänge von Kontrastmitteln Bestandteil eines fortlaufenden GMP-Training- programms. Die Schutzkleidung, die auf die besonderen Anforderungen der Reinheitsklassen abgestimmt ist, d. h. für aseptische oder partikelarme Zonen, besteht aus Schuhen mit Überschuhen, einem Overall, einer sog. Nonnen- haube mit Sehschlitzen, einem OP-Mundschutz und OP-Handschuhen. Die ärztliche Überwachung der Mitarbeiter und Prüfungen auf einwandfreies hy- gienisches Verhalten durch mikrobiologische Methoden sind selbstverständ- lich obligatorisch.

Zur weiteren Absicherung vorschriftskonformer Arbeitsweise der Mitar- beiter ist eine hohe Aufsichtsdichte erforderlich. Dafür stehen uns in den Leitungsfunktionen Apotheker, Chemiker und Ingenieure und im mittleren Management oder dem Meisterbereich Industriemeister (Chemie oder Pharma), Laboranten und Techniker zur Verfügung. Im gewerblichen Bereich werden Chemie-Facharbeiter bzw. Pharmakanten und angelernte Mitarbeiter beschäftigt.

Technologie

Qualitätssicherung in der pharmazeutischen Technologie bedeutet, das entste- hende Kontrastmittel vor äußeren Einflüssen, nämlich Kontaminationen aus der Arbeitsumgebung und durch den Mitarbeiter, zu schützen. Daher werden vorzugsweise Produktionsanlagen und -apparate eingesetzt, die das Arbeiten im geschlossenen System gestatten. In diesem Konzept sind für die Arbeitsschritte, bei denen das Produkt sich nicht im geschlossenen System befindet, z. B. bei allen Abfüllvorgängen der Kontrastmittellösung in Ampullen oder Infusionsflaschen, lüftungstechnische Schutzmaßnahmen in Form von Laminar Flow, einer turbulenzarmen Verdrängungsströmung, mit der die Bedingungen der Reinheitsklasse A erreicht werden und die bereits erwähnte Schutzkleidung für das Personal in partikelarmen Bereichen vorgesehen.

Außerordentlich wichtige qualitätsbeeinflussende Fertigungsvorgänge sind Filtrationsmaßnahmen bei der Lösungsherstellung. Im Rahmen der Produktion von nichtionischen Röntgenkontrastmitteln haben wir eine für uns völlig neue Technologie eingeführt, die Ultra- oder Molekularfiltration. Mit Hilfe der Ultrafiltration gelingt es uns, Endotoxine bis unterhalb der Nachweisgrenze des LAL-Tests zu entfernen. Endotoxine können im Wirkstoff, bedingt durch seine speziellen wachstumsfördernden Eigenschaften für Mikroorganismen und den chemischen Herstellungsprozeß des Wirkstoffs, in variierender Konzentration enthalten sein. Gleichzeitig wird der Partikelgehalt wesentlich in den Größenklassen bis in den oberen und mittleren Nanometerbereich verringert, so daß Grenzwerte der BP, USP und JP bezüglich des Partikelgehalts im subvisuellen Bereich in Parenteralia weit unterschritten werden (Tabelle 4).

Abschließend soll nun, wie zu Beginn dargestellt, die Problematik des Nachweises der Sterilität näher beleuchtet werden. Bei der Herstellung von Kontrastmitteln kommen valide Sterilisationsverfahren zum Einsatz, d. h. alle gefüllten, verschlossenen Ampullen und Flaschen werden bei 121 °C während 20 min sterilisiert. Wir können durch genaue Steuerung und Ermittlung der Sterilisationsdauer und -temperatur sowie durch Studien über Anzahl und Wärmeresistenz evtl. vorhandener Mikroorganismen im Produkt vor Sterilisation mit einem allg. anerkannten Bewertungsverfahren die Wahrscheinlichkeit für die Sterilität bestimmen. Bei Sterilisationsprozessen mit einem Sicherheitsniveau der Überlebenswahrscheinlichkeit von $1 \cdot 10^{-6}$ unabhängig von der

Tabelle 4. Partikelgehalt in Parenteralia – Anforderungen verschiedener Arzneibücher

Arzneibuch	Behältergröße	Anzahl Partikel ml[a]			
		$\geq 2\ \mu m$	$\geq 5\ \mu m$	$\geq 10\ \mu m$	$\geq 25\ \mu m$
BP 1988	≥ 100 ml				
Methode 1		≤ 1000	≤ 100	–	–
Methode 2		$\leq\ 500$	$\leq\ 80$	–	–
USP XXII	<100 ml	–	–	$\leq 10\ 000$[a]	<1000[a]
	≥ 100 ml	–	–	$\leq\ 50$	$\leq\ 5$
JP XI	≥ 100 ml	–	–	$\leq\ 20$	$\leq\ 2$

[a] Pro Behälter.

Zahl und Hitzeresistenz von Mikroorganismen spricht man von sog. „Overkillverfahren". Untersuchungen belegen, daß ein solches Verfahren in unserem Fall zur Anwendung kommt.

Schlußbemerkung

Anhand der aufgezeigten Problemkreise bei der Herstellung von Arzneimitteln, speziell Parenteralia, darf sich die Qualitätssicherung nicht nur auf nachträgliche Labormethoden stützen, sondern Qualität muß bereits bei der Planung eines Produkts integriert werden und unterliegt einer ständigen Anpassung an den gültigen Stand der pharmazeutischen Technik.

Literatur

Hempel H-E (1977) Planung und Organisation der sterilen Herstellung von Arzneimitteln. Acta Pharmazeutica Technologica [Suppl]

Bewahrung der pharmazeutischen Qualität von Röntgenkontrastmitteln

D. Herrmann

Einleitung

Im Rahmen des folgenden Beitrags sollen die bei ungünstigen Lagerungsbedingungen möglichen Einbußen der Qualität von Röntgenkontrastmitteln an einigen Beispielen dargestellt werden. Ebenso sollen Probleme der Handhabung von Röntgenkontrastmitteln bei ihrer Anwendung aufgezeigt werden.

Zur Gewährleistung der Arzneimittelsicherheit fordert das Arzneimittelgesetzt:

- Qualität
- Wirksamkeit
- Unbedenklichkeit

In Hinblick auf Röntgenkontrastmittel ist unter Wirksamkeit die Eignung zur röntgendiagnostischen Bildgebung zu verstehen und unter Unbedenklichkeit die Verträglichkeit, die auch durch „niedrige Nebenwirkungsrate" umschrieben werden kann. Qualität oder genauer „Pharmazeutische Qualität" bedeutet die einwandfreie chemische, physikalische und mikrobiologische Beschaffenheit.

Pharmazeutische Qualitätskriterien sind:

- Identität
- Konzentration
- Chemische Reinheit
- Physikalische Reinheit
- Mikrobiologische Reinheit

Unter Haltbarkeit ist das spezifikationskonforme Bewahren der Qualität, d. h. der genannten Merkmale, bis zum Ablauf des deklarierten Haltbarkeitsdatums zu verstehen.

Die Gewährleistung der ordnungsgemäßen Beschaffenheit von Arzneimitteln ist Aufgabe des herstellenden Apothekers bzw., bei industrieller Herstellung, des pharmazeutischen Herstellers. Aufgrund von Untersuchungen zur Stabilität des Arzneimittels, die während der Entwicklung eines Fertigarzneimittels durchgeführt werden, ist dieser auch verantwortlich für die einwandfreie Beschaffenheit unter der Voraussetzung bestimmungsgemäßer Aufbewahrung und bestimmungsgemäßer Handhabung.

Chemische Stabilität von Röntgenkontrastmitteln

Charakteristische Reaktionen, die bei praktisch allen jodhaltigen Röntgenkontrastmitteln (RKM) auftreten, sind Freisetzung von Jodidionen, Spaltung der Amidbindung und pH-Verschiebungen.

Freisetzung von Jodidionen

Jodhaltige Röntgenkontrastmittel, deren gemeinsames Strukturmerkmal ein trijodiertes aromatisches Ringsystem ist, können je nach einwirkenden Reaktionsbedingungen Jodidionen freisetzen. Abbildung 1 zeigt Amidotrizoat als Beispiel. Die Reaktionsgeschwindigkeit hängt wesentlich von der Zusammensetzung der Kontrastmittellösung ab, z. B. hat die pH-Einstellung der Lösung bestimmenden Einfluß, und ein Zusatz von Kalziumdinatriumedetat wirkt stabilisierend, da katalytisch wirkende Schwermetallionen komplexiert werden.

In durch Licht und auch durch zu hohe Lagertemperaturen belasteten Röntgenkontrastmittellösungen werden normalerweise nur die farblosen Jodidionen aber kein elementares Jod angetroffen. Verschiedentlich bei Röntgenkontrastmitteln zu beobachtende Gelblich- bzw. Bräunlichfärbungen sind nicht auf freigesetztes elementares Jod, sondern auf organische Nebenverbindungen von Kontrastmitteln zurückzuführen, stehen also in keinem unmittelbaren Zusammenhang mit der Jodidfreisetzung.

Spaltung der Amidbindung

Eine weitere Zersetzungsreaktion ist die Bildung von primärem aromatischen Amin infolge einer Verseifung der Amidbindung, auch diese Reaktion ist abhängig von der Lagertemperatur und dem pH-Wert der Lösung, Abb. 2 zeigt ebenfalls Amidotrizoat als Beispiel.

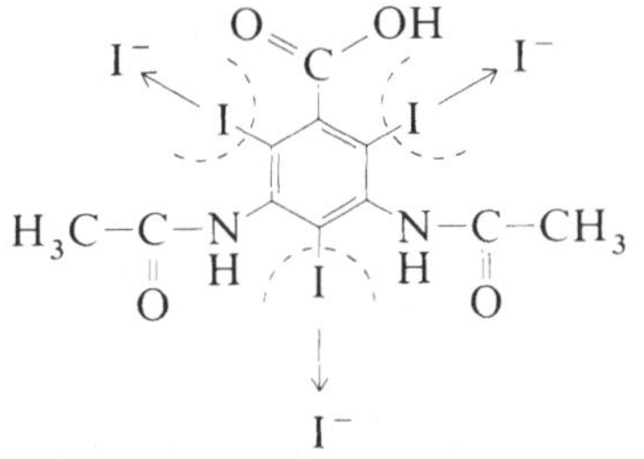

Abb. 1. Freisetzung von Jodidionen aus Amidotrizoat

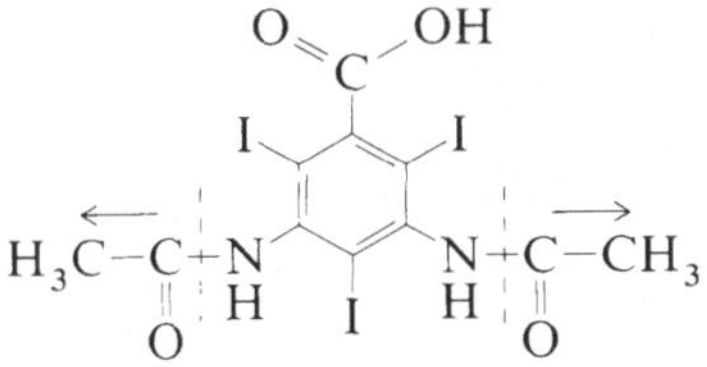

Abb. 2. Spaltung der Amidbindung; Freisetzung von aromatischem Amin aus Amidotrizoat

pH-Verschiebungen

Absenkungen des pH-Werts können als Sekundärreaktionen infolge übriger chemischer Reaktionen auftreten. Dieser Vorgang kann bei den älteren ionischen Kontrastmitteln bis zur Abscheidung von Kristallen führen, indem die Kontrastmittelsäure, z. B. die Amidotrizoesäure, durch eine z. B. unter Lichteinfluß gebildete stärkere Säure aus ihrer Meglumin- bzw. Natriumsalzbindung verdrängt wird.

pH-Anstiege können u. a. als Folge einer Alkaliabgabe aus dem Glas als Behältnismaterial eingesetzter Infusionsflaschen oder auch von Ampullen auftreten. Es handelt sich dann allerdings um keine Zersetzungsreaktion des Kontrastmittels, sondern um eine grundsätzlich bei allen wäßrigen Arzneilösungen mögliche Wechselwirkung mit dem Behältnismaterial. Röntgenkontrastmittel sind in der Regel mit den beiden vom Deutschen Arzneibuch für wäßrige Parenteralia zugelassenen Glasarten verträglich, d. h. mit der Glasart I „Borsilikatglas" und mit der Glasart II „oberflächenvergütetes Glas".

Qualitätsminderungen durch Überschreitungen der Lagertemperatur

Die Reaktionsgeschwindigkeiten der besprochenen Zersetzungsreaktionen sind bei Raumtemperatur hinreichend gering, so daß weitgehend auf die Angabe von Lagertemperaturen verzichtet werden kann. Da gemäß Definition des deutschen Arzneibuchs unter Raumtemperatur der Bereich 15–25 °C zu verstehen ist, sollten Röntgenkontrastmittel entsprechend verwahrt werden, was in Deutschland und im benachbarten europäischen Ausland keine besonderen Schwierigkeiten bereitet. Gemeint ist hiermit die langfristige Lagerung, z. B. in der Apotheke oder auf Krankenhausstationen. Kurzfristige Unter- oder Überschreitungen der vorgesehenen Lagertemperatur, z. B. aufgrund von Transporten, Bereitstellungen usw. können toleriert werden.

Abbildung 3 zeigt als Beispiel die Freisetzung von Jodidionen aus dem Röntgenkontrastmittel Ultravist 370. Die Abspaltungsrate nimmt bei Erhöhung der Lagertemperatur auf 30 °C erkennbar zu, was jedoch erst nach längerfristiger Lagerung deutlich wird.

Abbildung 3 enthält zusätzlich Angaben über die während des Lagerversuchs von Ultravist 370 gemessenen pH-Werte. Dieser blieb bei normaler Raumtemperatur praktisch konstant und zeigte bei 30 °C eine leichte Absenkung. Die Jodidfreisetzung hatte auf den Wirkstoffgehalt praktisch keinen Einfluß und übrige pharmazeutischen Qualitätskriterien, insbesondere die Klarheit und die Farblosigkeit der Lösung und ihre Sterilität blieben unverändert.

Hieraus wird deutlich, daß das Erfordernis der Beachtung der Temperatur sich auf die langfristige Lagerung bezieht. Ein kurzfristiges Verwahren bei erhöhter Temperatur bis zu mehreren Tagen ist in der Regel unkritisch, z. B. das Erwärmen von Röntgenkontrastmittellösungen auf Körpertemperatur in Wasserbädern oder in elektrisch beheizten Schränken, um die Verträglichkeit für den Patienten zu verbessern.

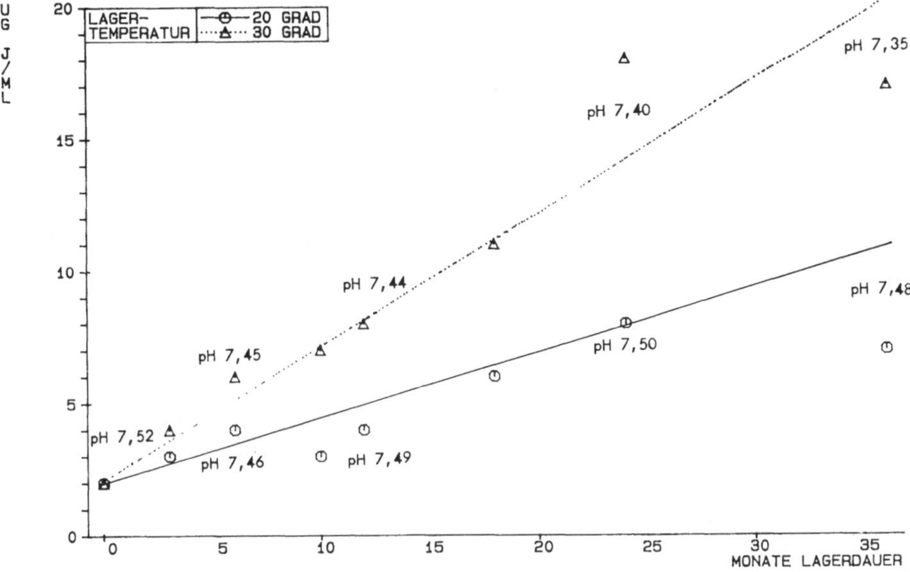

Abb. 3. Ultravist 370 50-ml-Flaschen. Einfluß der Temperatur auf die Jodidfreisetzung

Sogar ein kurzfristiges Erwärmen von Röntgenkontrastmitteln auf 60–80 °C durch Einstellen in heißes Wasser zum Auflösen von durch Unterkühlung auskristallisiertem Kontrastmittel kann abzeptiert werden, sofern es sich um noch original verschlossene Behältnisse handelt.

Durch Belichtung verursachte Qualitätsminderung von Röntgenkontrastmitteln

Lichteinfall auf Röntgenkontrastmittel verursacht im Gegensatz zur Temperaturbelastung rasche Jodidabspaltung und kann ebenfalls Absenkungen des pH-Werts induzieren. Abbildung 4 zeigt Ultravist 370 als Beispiel. Auf die Verseifung der Amidbindung hat Belichtung praktisch keinen Einfluß.

Die photochemische Zersetzung von Röntgenkontrastmitteln hängt nicht nur von der Helligkeit und der Belichtungsdauer, sondern auch von der Lichtart ab, d.h. der spektralen Zusammensetzung des Lichts; entscheidend ist der UV-Anteil des einfallenden Lichts. Deshalb sollte eine Exposition von Röntgenkontrastmitteln gegenüber Sonnenlicht grundsätzlich vermieden werden. Dagegen ist die Handhabung von Röntgenkontrastmitteln im diffusen Tageslicht möglich, ohne zusätzliche Lichtschutzmaßnahmen anzuwenden.

Im gezeigten Beispiel (s. Abb. 4) wurde die Belichtungsdauer auf durchschnittliche Helligkeit 600 Lux bezogen, wie sie z.B. an normal ausgeleuchteten Arbeitsplätzen herrscht. Unter diesen Bedingungen führt erst mehrtägige Lichtexposition zu signifikanter Qualitätsminderung. Es ist allerdings zu be-

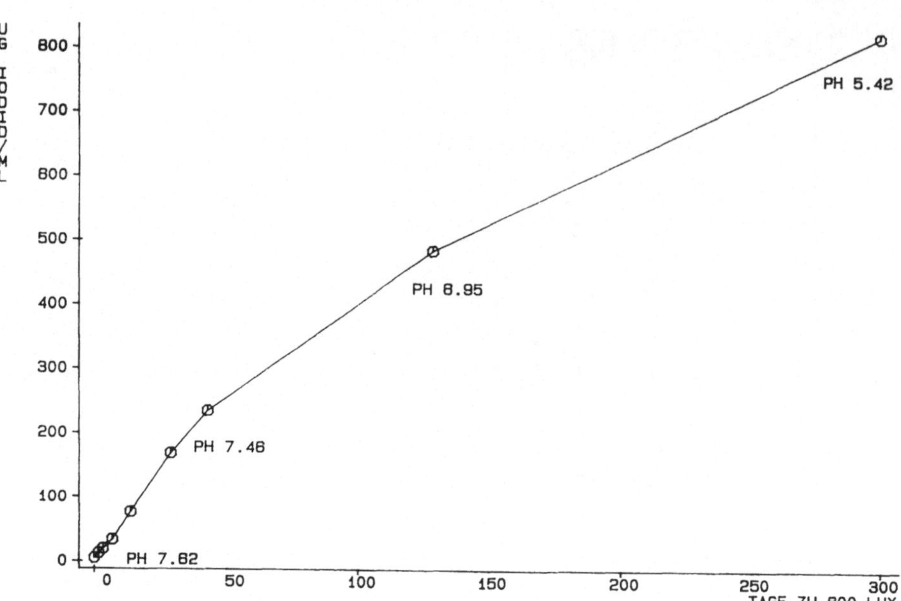

Abb. 4. Lichtempfindlichkeit von 50 ml Ultravist 370

achten, daß die Helligkeit, z. B. in Fensternähe, deutlich über der als durchschnittlich eingesetzten Helligkeit liegen kann.

Aussagen bezüglich der maximal zulässigen Standzeiten von Röntgenkontrastmitteln im Licht können nicht gegeben werden, da diese den unterschiedlichen Einfluß der Lichtart (natürliches Tageslicht, Leuchtstoffröhrenlicht oder Glühlampenlicht) mit jeweils nicht definierbarem UV-Anteil berücksichtigen müßten und aufgrund der im Einzelfall nicht hinreichend genau definierbaren Helligkeit. Die auf den Packungen vermerkten Haltbarkeitsdaten beziehen sich deshalb auf die vor Licht geschützte Lagerung des Röntgenkontrastmittels in seiner Kartonverpackung.

Durch Einsatz von Braunglas ließe sich die Haltbarkeit bei Einfall von Licht verbessern. Das Deutsche Arzneibuch gestattet den Einsatz von Braunglas jedoch nur für extrem lichtempfindliche Parenteralia; für Röntgenkontrastmittel, die ohne spezielle Lichtschutzmaßnahmen gehandhabt werden können, werden deshalb farblose Glasbehältnisse eingesetzt. Da Braunglas eine Restdurchlässigkeit für den photochemisch aktiven Teil des Spektrums aufweist, wäre im übrigen auch bei Verwendung von Braunglasbehältnissen ein Lichtschutzhinweis erforderlich.

Radiolyse durch Röntgenstrahlen

Röntgenstrahlen können als kurzwellige elektromagnetische Strahlen ebenso wie UV-Licht und wie der kurzwellige Bereich des sichtbaren Spektrums photochemische Zersetzungen verursachen. Deshalb sollten Röntgenkontrastmittel nicht längerfristig im Bereich der von Röntgengeräten ausgehenden Streustrahlung gelagert werden. Ihre Bereitstellung zur Untersuchung und die diagnostisch bedingte Exposition sind dagegen unkritisch.

Physikalische Reinheit von Röntgenkontrastmitteln

Parenteralia müssen gemäß der Forderung des Deutschen Arzneibuchs klar und praktisch frei von Teilchen sein. In dieser Hinsicht zu beachtende Qualitätsminderungen sind Auskristallisationen und die Kontamination mit Fremdpartikeln.

Mögliche Folgen von Unterschreitungen der Lagertemperatur

Da die chemische Reaktivität im Regelfall nur bei Temperaturerhöhung zunimmt, ist bei Kühllagerung nicht mit chemischen, sondern nur mit physikalischen Veränderungen zu rechnen. Zur Röntgendiagnostik werden hochkonzentrierte Lösungen bevorzugt, die Konzentrationsangabe wird vorzugsweise auf den Jodgehalt bezogen, da der Gehalt an Jod bestimmend für die Absorption von Röntgenstrahlen ist. Eine 370 mg Jod/ml enthaltende Urografin-Lösung enthält aber 0,66 g Meglumin-Amidotrizoat/ml und 0,1 g Natrium-Amidotrizoat/ml und eine entsprechende Ultravist-Lösung enthält 0,769 g Iopromid/ml; es handelt sich demzufolge um hochkonzentrierte Lösungen, bei denen das Risiko der Auskristallisation beachtet werden muß!

Einige wenige, ausschließlich zur retrograden Urethrographie bestimmte Kontrastmittel, wie z. B. 100 ml Urovison R enthalten Parabene als Konservierungsmittel, deren Sättigungskonzentration bei Kühllagerung < ca. 15 °C überschritten wird. Letztlich können alle wäßrigen Lösungen bei winterlichen Transporten einfrieren.

Von den genannten physikalischen Veränderungen sind erfahrungsgemäß nicht alle Flaschen eines größeren Gebindes gleichermaßen betroffen; Eisbildung setzt im Regelfall erst bei gleichzeitigem Schütteln der Flaschen ein, und zur Auskristallisation der Kontrastmittelverbindung sind Impfkristalle erforderlich. Sofern nicht Stehenlassen bei normaler Raumtemperatur unter gelegentlichem Umschwenken ausreicht, sind Temperaturen von ca. 60–80 °C zum Auslösen von Kristallisation geeignet.

Kristallisatbildung infolge von Eintrocknung nach dem Öffnen

Während Auskristallisationen in original verschlossenen Behältnissen auch bei Unterkühlung wegen des Fehlens von Impfkristallen selten sind, kann beim Stehenlassen geöffneter Behältnisse eher Kristallisation einsetzen. Nicht nur

aus diesem Grund sondern auch wegen möglicher mikrobieller Kontamination
(s. S. 17), sollte die in einem Untersuchungsgang nicht verbrauchte Röntgenkontrastmittellösung verworfen werden.

Kontamination mit Fremdpartikeln

Unter Fremdpartikeln werden, einer Definition des US-amerikanischen Arzneibuchs folgend, nicht zur Arzneizubereitung gehörende feste, bewegliche
Bestandteile verstanden. In begrifflicher Erweiterung können Silikonöltröpf-
chen, z. B. aus unzulässig stark silikonisierten Einmalspritzen, hinzugerechnet
werden.

Folgende Quellen partikulärer Kontaminationen sind in Betracht zu ziehen:

1. Herstellungsbedingte Quellen
– Mangelhafte Filtration der abzufüllenden Lösung
– Mangelhafte Reinigung der Behältnisse und der Verschlüsse
– Mangelhafte technische Einrichtungen
– Ungeeignete Arbeitskleidung des Personals
– Mangelhafte Unterweisung in erforderlichen Arbeitstechniken

Durch strikte Anwendung der GMP-Richtlinien („good manufacturing prac-
tices") für die Fertigung und Qualitätskontrolle von Röntgenkontrastmitteln
kann dieser Problembereich entsprechend dem Stand der Technik als weitgehend beherrscht eingestuft werden. Neben der vom Deutschen Arzneibuch
erhobenen Forderung „klar und praktisch frei von Teilchen" müssen von
exportorientierten Herstellern von Röntgenkontrastmitteln die in der Tabelle
1 zusammengestellten Anforderungen verschiedener Pharmakopöen an die
Qualität von Parenteralia erfüllt werden.

Für großvolumige Parenteralia (>100 ml) enthält das US-amerikanische
Arzneibuch (USP XXII) die in der Tabelle 1 aufgeführten Anforderungen in
den Größenklassen „alle Partikel >10 μm" und „alle Partikel >25 μm" jeweils pro ml Infusionslösung. Die Zählung der Partikel erfolgt nach Filtration
der zu untersuchenden Lösung über ein Membranfilter am Mikroskop.

Für kleinvolumig abgefüllte Parenteralia (<100 ml) sieht die USP XXII
nicht die Zählung am Mikroskop, sondern die Anwendung der „light obscura-
tion method" mit Hilfe automatischer Partikelzählgeräte vor. Diese registrieren beim Durchsaugen der zu prüfenden Lösung durch eine einseitig beleuch-
tete Meßzelle den Schattenwurf einzelner Partikel und klassifizieren die Partikel je nach Größenklasse elektronisch (HIAC-Gerät). Die Grenzwertziehun-
gen der USP XXII beziehen sich bei den kleinvolumig dosierten Injektabilia
auf den gesamten Behältnisinhalt ungeachtet des aktuellen Füllvolumens
(10 ml, 20 ml usw).

Die britische Pharmakopöe sieht für großvolumige Parenteralia automatische Partikelzählungen vor und enthält Grenzwerte für Partikel >2 μm und
>5 μm. Alternativ zu der auch von der USP XXII vorgesehenen Meßmethode

Tabelle 1. Anforderungen der Pharmakopöen an die partikuläre Reinheit von Parenteralia

Land	Arzneibuch	Füllvolumen	Methode	> 2 µm	> 5 µm	> 10 µm	> 25 µm
Deutschland	DAB 9		Visuell			Klar und frei von Teilchen	
USA	USP XXII	> 100 ml	Mikroskop			Max. 50/ml	Max. 5/ml
USA	USP XXII	< 100 ml	„Light obscuration"			Max. 10 000/ Behältnis	Max. 1000/ Behältnis
Japan	JP 11	> 100 ml	Mikroskop			Max. 20/ml	Max. 2/ml
Großbritannien	BP 80	> 100 ml	„light obscuration" Leitfähigkeit	Max. 500/ml Max. 1000/ml	Max. 80/ml Max. 100/ml		

kann ein elektrolytisches Zählverfahren (Coulter Counter) angewendet werden.

Das japanische Arzneibuch JP 11 schreibt ähnlich der USP XXII für großvolumige Parenteralia die mikroskopische Auszählung von Membranfiltern vor, setzt aber engere Grenzen.

2. Lagerungsbedingte partikuläre Kontamination

Durch Zersetzungsreaktionen und auch durch Wechselwirkungen parenteraler Lösungen mit dem Behältnismaterial können im Verlauf der Lagerung Schwebestoffe gebildet werden. Bekannt ist z. B. die Bildung von Flimmersilikaten infolge einer Wechselwirkung mit Glasbehältnissen, insbesondere in Natriumchloridlösungen, oder auch das Entstehen von Ausfällungen durch Rekristallisation von Füllstoffen aus Gummistopfen. Derartige Vorgänge werden aber bei der Entwicklung von Röntgenkontrastmitteln und bei der Auswahl der Behältnismaterialien für Parenteralia aufmerksam verfolgt und sind auch Prüfmerkmale bei der langfristigen Stabilitätsprüfung, so daß sie durch die einleitend genannte Qualitätsgarantie für Röntgenkontrastmittel abgedeckt sind.

3. Partikuläre Kontamination durch Applikationsgeräte

Für die Applikation von Röntgenkontrastmitteln werden Kanülen und Einmalspritzen oder Infusionsgeräte und auch Katheter verwendet. Beim Durchstechen der Infusionsstopfen der Röntgenkontrastmittel mit Kanülen und den Dornen der Geräte können Gummifragmente freigesetzt werden, es ist aber auch eine partikuläre Kontamination aufgrund mangelhafter Reinheit der Applikationsgeräte möglich.

Das Freisetzen von Gummifragmenten beim Durchstechen des Stopfens mit Kanülen hängt wesentlich von der Ausführung des Anschliffs und vom Durchmesser der Kanüle ab. Während z. B. bei Verwendung von 0,9 mm und auch von 1,2 mm Kanülen mit langem Anschliff praktisch keine Fragmente entstehen, steigt die Neigung zur Fragmentation bei Verwendung größerer Kanülen (z. B. 2 mm) und insbesondere von Kanülen mit kurzem Anschliff stark an; letztere sind eigentlich nur zur Verwendung als Venenverweilkanülen vorgesehen und nicht zum Durchstechen von Stopfen. Bei Verwendung einer speziellen 16-99-Nokor-Kanüle dagegen wird trotz des erheblichen Durchmessers (1,7 mm) Fragmentation vermieden; es handelt sich um eine spezielle Entnahmekanüle mit skalpellförmiger Schliffkante und seitlicher Öffnung.

Auch bei Verwendung spezieller Entnahmedorne (z. B. Sterifix) tritt praktisch keine Fragmentation auf.

Im Gegensatz zu Infusionsgeräten, die standardmäßig mit Flüssigkeitsfiltern ausgerüstet sind, ist dies bei Entnahmekanülen und auch Entnahmedornen nicht möglich, da der Flüssigkeitsdurchsatz aufgrund der Viskosität der Röntgenkontrastmittellösungen zu stark behindert wird. Bei Infusionsgeräten ist das Flüssigkeitsfilter üblicherweise in der Tropfkammer angeordnet und gewährt aufgrund seines Durchmessers ausreichenden Durchfluß.

Tabelle 2. Anforderungen an die partikuläre Reinheit von Einmalspritzen. Bewertung von Zählungen auf Membranfiltern nach DIN 13098

	Größenklasse		
	1	2	3
Größe der Partikel µm	25–50	51–100	>100
Anzahl der Partikel in 10 Einmalspritzen	n_{a1}	n_{a2}	n_{a3}
Anzahl der Partikel in Volumenäquivalenten (Blindprobe)	n_{b1}	n_{b2}	n_{b3}
Bewertungsfaktor	0,1	0,2	1

Auch die Applikationsgeräte selbst kommen als Quelle partikulärer Kontamination in Betracht. Ausschlaggebend hierfür ist, daß Kunststoffteile im Gegensatz zu den pharmazeutisch gebräuchlichen Standardbehältnismaterialien Glas und Gummistopfen praktisch nicht gereinigt werden können. Sie müssen unter Ausschluß partikulärer Kontamination ausgeformt und zur Einmalspritze bzw. zum Infusionsgerät zusammengesetzt werden.

Zur Zeit bestehen seitens des Deutschen Arzneibuchs noch keine Anforderungen an Einmalspritzen oder an Infusionsgeräte; die Qualität wird vielmehr durch DIN-Vorschriften beschrieben. DIN 13098 sieht eine Bewertung anhand eines Punkteschemas vor, das nach Ausspülen von Einmalspritzen mit membranfiltriertem Wasser und Filtration des Eluats mit nachfolgender mikroskopischer Auszählung angewendet wird (s. Tabelle 2).

Auswertung:
Die Bewertungszahl ist die Summe der Produkte, die sich nach Abzug der Blindprobenwerte aus der Anzahl der in den 3 Größenklassen ermittelten Partikel und einem der entsprechenden Größenklasse zugeordneten Bewertungsfaktor ergibt. Die Bewertungszahl errechnet sich wie folgt:

Anzahl der Partikel in den Prüflingen

$$n_{an} = n_{a1} \cdot 0{,}1 + n_{a2} \cdot 0{,}2 + n_{a3} \cdot 1$$

Anzahl der Partikel in der Blindprobe

$$n_{bn} = n_{b1} \cdot 0{,}1 + n_{b2} \cdot 0{,}2 + n_{b3} \cdot 1$$

Bewertungszahl

$$n = n_{an} - n_{bn} \leq 10$$

Schutz vor mikrobieller Kontamination

Röntgenkontrastmittel, insbesondere die neueren nichtionischen RKM, sind gute Nährböden für Mikroorganismen, so daß sie zuverlässig vor mikrobieller

Kontamination geschützt werden müssen. Zur Sterilisation von in Ampullen und in Injektions- bzw. Infusionsflaschen abgefüllten Röntgenkontrastmittellösungen wird im Rahmen der industriellen Herstellung die Erhitzung im gespannten, gesättigten Wasserdampf auf 121 °C angewendet. Eine Resterilisation, z. B. von nicht verbrauchten Restanteilen aus geöffneten Flaschen sollte wegen der dadurch möglicherweise induzierten chemischen Zersetzung (z. B. Freisetzung von Jodidionen, pH-Verschiebungen, Amidspaltung) unterbleiben. Auch können infolge mikrobieller Kontamination gebildete Pyrogene nicht durch eine Sterilisation bei 121 °C zerstört werden, sondern können nur durch Ultrafiltration eliminiert werden.

Deshalb sollte in einem Untersuchungsgang nicht verbrauchte Röntgenkontrastmittellösung verworfen werden!

Kompatibilität mit Applikationsgeräten

Röntgenkontrastmittel sind verträglich mit den für den Kontakt mit Parenteralia allgemein geeigneten Behältnissen und Applikationsgeräten aus Glas (s. auch S. 10) und aus Edelstahl, z. B. mit Kanülen.

Unverträglichkeitsreaktionen können dagegen beim Einsatz von Überleitungsrohren und Konusverbindungen aus Messing oder aus Bronze auftreten, sofern diese Teile nicht vollständig, einschließlich ihres Innenlumens verchromt sind. Von derartigen Teilen abgegebene Kupferionen katalysieren die Jodidfreisetzung und können im Kontakt mit einigen Kontrastmitteln unter Komplexbildung intensive Verfärbungen verursachen.

Aufgrund der vielfältigen Eigenschaften von Kunststoffen und von Gummiteilen kann keine allgemeine Aussage über die Kompatibilität von Röntgenkontrastmitteln mit Einmalapplikationsgeräten und anderen Hilfsmitteln getroffen werden, so daß entsprechende Hinweise der Hersteller beachtet werden sollten, z. B. Verwendung der vom Hersteller bezüglich der Kompatibilität untersuchten Beilagespritzen und Infusionsgeräte. In der Regel besteht Verträglichkeit mit standardmäßig verwendeten Konusverbindungen, Dreiwegehähnen, Venenverweilkanülen, Kathetern usw. Neben einer möglichen Extraktion von Kunststoffadditiven bei ausgedehnten Standzeiten sind auch die vorstehend genannten Risiken, z. B. der Auskristallisation infolge partieller Eintrocknung, der partikulären Kontamination und der mikrobiellen Kontamination zu beachten. Röntgenkontrastmittel unterscheiden sich diesbezüglich nicht von anderen Arzneimitteln zur Injektion und Infusion. Insofern sind die auch bei anderen Parenteralia anzuwendenden Vorsichtsmaßregeln zu beachten, und die Kontaktdauer mit Applikationsgeräten sollte auf den eigentlichen Anwendungszeitraum beschränkt bleiben.

Wiederverwendung von Einmalartikeln

S. Zapf und M. Thelen

Einleitung

Die Entwicklung medizinischer Einmalartikel hat viele moderne therapeutische und diagnostische Maßnahmen erst ermöglicht und neben unbestreitbaren Vorteilen für den Patienten einen immensen Kostendruck auf die Krankenhausträger zur Folge. Unter dem Argument der Kostensenkung wurden daher unterschiedliche Methoden zur Wiederaufbereitung der Einmalartikel eingeführt. Bei sachlicher Überprüfung zeigt sich meist jedoch, daß diese Verfahren den gestellten Anforderungen nicht gerecht werden. Außerdem gibt es von einigen Herstellern auch heute noch schriftliche Anweisungen zur Aufbereitung von Produkten, die eindeutig als Einmalartikel einzustufen sind. Andererseits sind die Gründe, die gegen eine Wiederaufbereitung angeführt werden, nicht immer stichhaltig. Aus dieser Situation heraus entstand eine teilweise heftig geführte Diskussion um die klare Definition des Einmalartikels in der Medizin.

Seitdem sterile Einmalartikel durch das 2. Gesetz zur Änderung des Arzneimittelgesetzes (16. 8. 1986) Arzneimitteln in verschiedener Hinsicht gleichgestellt wurden, ergeben sich noch wenig beachtete rechtliche Konsequenzen.

Die Hersteller weichen dieser Diskussion weitgehend aus, indem sie Artikel als „nur für den einmaligen Gebrauch" deklarieren, wodurch Schadenersatzansprüche bei nicht widmungsgemäßem Gebrauch ausgeschlossen werden. Die Verantwortung für jede andere Vorgehensweise liegt damit ausschließlich beim Anwender. Gleichzeitig hat sich dadurch die „Beweislast" umgekehrt. Wird ein als Einmalartikel ausgezeichnetes Produkt nach Entnahme aus der Verpackung oder nach Ablauf der Lagerzeit unabhängig von seiner Anwendung am Patienten in irgendeiner Form aufbereitet, muß der Anwender aus ethischen und juristischen Gründen nachweisen können, daß durch diese Aufbereitung die Produktqualität unverändert erhalten bleibt. Andernfalls liegt der Tatbestand der fahrlässigen Körperverletzung vor, falls der Patient nicht ausdrücklich aufgeklärt wurde. Dieser Nachweis ist jedoch nicht immer zweifelsfrei möglich und methodisch oft schwierig zu führen, da jedes Verfahren auf die speziellen Bedingungen des jeweiligen Artikels abgestimmt sein muß. Aus diesem Grund sind klinische Untersuchungen, die das Fehlen von Nebenwirkungen nachzuweisen versuchen, unzureichend und ethisch nicht vertretbar [8, 12, 14].

Tabelle 1. Probleme der Wiederaufbereitung von Einmalartikeln

---

Reinigung

Keine manuelle nicht standardisierbare Reinigung
Keine Kontamination von Personal oder Umgebung
Partikelfreiheit
Pyrogenfreiheit
Keine Reste von Desinfektions- oder Reinigungsmitteln
Vollständige Trocknung
Keine Inkrustationen

Sterilisation

Keine Eintauchverfahren
Kontrollierte Reduktionsfaktoren
Geeignete Sporenpräparationen
Desorption von Restgas

Materialbeschaffenheit

Anzahl der Resterilisationen
Oberflächenveränderungen
Physikalisch-chemische Materialveränderungen
Mechanische Materialveränderungen

Gemäß einer in der Literatur vorgeschlagenen Einteilung von Einmalartikeln in verschiedene Risikogruppen [19] sind z. B. einfache einlumige Angiographiekatheter der Gruppe 2 (Aufbereitung unter Anwendung besonderer Verfahren prinzipiell möglich) zuzuordnen, nahezu alle anderen Produkte, deren Wiederverwendung „sich lohnt", der Gruppe 3 (wegen Besonderheiten der Materialien und der Konstruktion nicht sicher aufzubereiten).

Betrachtet man die in Tabelle 1 zusammengestellte Problematik der gesicherten Wiederaufbereitung [19], so erscheint der Aufwand für die Überprüfung des Aufbereitungserfolgs auch für einfach aufgebaute Produkte sehr hoch. Außerdem ist eine Simulation und Überprüfung aller während der Anwendung möglichen Belastungszustände – einschließlich eines wie auch immer zu definierenden Sicherheitsbereichs – praktisch kaum durchführbar und die Kosten stünden in keinem Verhältnis zu den möglichen Einsparungen. Dieser hohe Aufwand wird dadurch erforderlich, daß die Wiederaufbereitung grundsätzlich in drei Schritte zu gliedern ist [20], wobei für jeden dieser Schritte ein gesichertes Verfahren zur Verfügung stehen muß. Im folgenden soll beispielhaft auf die Wiederaufbereitung einfach aufgebauter, einlumiger, beidseitig offener Polyethylenkatheter eingegangen werden. Katheter mit mehr als einem Lumen sind wegen des geringen Durchmessers der einzelnen Lumina und insbesondere, weil diese endständig verschlossen sein können, nach dem derzeitigen Kenntnisstand nicht zu reinigen und nicht sterilisierbar.

Reinigung

Als wesentlicher erster Schritt der Wiederaufbereitung ist die Reinigung der
Katheter anzusehen. Aus Gründen des Umgebungs- und Personalschutzes
und der Reproduzierbarkeit kommen hier ausschließlich maschinelle Verfahren in Betracht, die eine sichere Partikel- und Pyrogenfreiheit gewährleisten.
Wie Albrecht und Werner [1] zeigen konnten, hat die Vorbehandlung der
Katheter maßgebenden Einfluß auf den Reinigungseffekt. Sofortiges Spülen
unmittelbar nach Gebrauch führt unter standardisierten Bedingungen zu einer
ausreichenden Reinigung. Ist das Katheterlumen jedoch durch Gerinnsel oder
Inkrustationen verschlossen, reichen auch hohe Flußraten nicht aus. Besondere Schwierigkeiten bereiten die Ansatzstücke der Katheter sowie die freien
Enden, sofern der Katheter mehrere Seitlöcher aufweist. Bei hohem Druck des
Spülwassers kommt es zu einer Verwirbelung der Katheter in der Maschine
und dadurch zu erheblichen mechanischen Belastungen bis hin zum Abknikken. Niedriger Arbeitsdruck führt wiederum zu keiner ausreichenden Reinigung, da es entlang der Seitlöcher zu einem Druckabfall kommt, wodurch das
freie Ende u. U. nicht vollständig gereinigt wird. Spül- und Desinfektionsmittelzusätze können bei ungeeigneten Temperaturen zu Wechselwirkungen mit
dem Kunststoff des Katheters führen. Darüber hinaus müssen diese Zusätze
partikelfrei sein, um nicht selbst wieder zu einer Rekontamination zu führen.
Rekontaminationen der bereits gereinigten Katheter sind jedoch auch durch
die Reinigung selbst zu erwarten, wenn ein Umwälzverfahren ohne ausreichende Frischwasserzufuhr angewendet wird. Weiterhin ist die Besiedlung der
Maschine durch Feuchtkeime an der Oberfläche, an Dichtungen, Pumpen,
Verschlüssen und an der Wasserenthärtungsanlage sowie an Wasserzu- und
-abfluß zu berücksichtigen.

Sterilisation

Vorzugsweise kommt für die Sterilisation von aufbereitetem Einwegmaterial
Ethylenoxid in Frage. Mit der Formaldehydsterilisation fehlen bislang ausreichende Erfahrungen, wegen der geringen Penetration des Wirkgases ist jedoch
mit Verfahrensproblemen zu rechnen.

Mit den derzeit in den meisten Krankenhäusern betriebenen Ethylenoxid-Programmen ist bei englumigen Schläuchen keine gesicherte Sterilisation zu
erreichen [21]. Die Keimreduktion im Inneren von Kathetern hängt von
Durchmesser und Länge des Schlauchs ab. In üblichen Sterilisationsprogrammen resultieren bei einer Länge von 100 cm und einem Innendurchmesser von
0,9 mm Keimreduktionen zwischen 3 und 4,2 log-Stufen. Diese Werte liegen
somit unter der für eine Sterilisation zu fordernden Reduktion der Sporenpräparation von 6 log-Stufen. Bei geeigneter Modifikation des Verfahrens mit
anschließender Desorption über 10 h [9, 10] ist jedoch eine ausreichende Keimreduktion bei den angegebenen Abmessungen zu erzielen.

Außer der Überprüfung der Sterilisation muß weiterhin die Desorption von Ethylenoxid nachgewiesen werden, um eine Gefährdung des Personals bei der Entnahme aus dem Gerät sowie der Patienten bei der folgenden Anwendung auszuschließen. Laut der Empfehlung des Bundesgesundheitsamts zur Verwendung von Ethylenoxid „dürfen nur solche Krankenhausgebrauchsmittel, medizinische Hilfsmittel, Geräte und Sonstiges mit Ethylenoxid behandelt werden, für die die Sterilisations- und Desorptionsbedingungen bekannt sind. Die Bedingungen müssen gewährleisten, daß zum Zeitpunkt der Anwendung in den behandelten Objekten der Gehalt an Ethylenoxid unter 1 ppm liegt . . .“ [16]. Weitere detaillierte Empfehlungen wurden vom Bundesgesundheitsamt und von der Bundesanstalt für Arbeitsschutz zur Vermeidung von gesundheitsschädigenden Gefahren im Umgang mit Ethylenoxid im medizinischen Bereich 1984 verabschiedet [3].

Materialprüfung

Wegen der Thermolabilität der für Angiographiekatheter verwendeten Materialien läßt sich die Sterilisation nicht in üblicher Technik in gespanntem Dampf durchführen. Bei mehrfacher Strahlensterilisation sind unabhängig von der Art der Strahlung bei den in der Kathetertechnik verwendeten Polyethylenen mittleren Molekulargewichts Materialveränderungen zu erwarten, die abhängig vom Umgebungsmedium, der Umgebungstemperatur, der Geometrie des Kunststofformteils und der Dosisleistung sind. Erfolgt die Bestrahlung in sauerstoffhaltiger Atmosphäre, kommt es zur Ausbildung freier Radikale mit nachfolgendem oxidativem Abbau des Kunststoffmoleküls. Das Ausmaß dieses Abbaus hängt von der Diffusion des Sauerstoffs ins Medium ab, ebenso von der spezifischen Oberfläche des Sterilisationsguts und der pro Zeiteinheit absorbierten Dosis. Bei niedriger Dosisleistung und großer spezifischer Oberfläche werden die physikalischen Eigenschaften des Materials verändert. Im wesentlichen sind hier Seitenkettenoxidationen und Kettenabbrüche zu erwarten, die zu einer Materialversprödung führen. Eine mehrfache Strahlensterilisation ist auch wegen des hohen technischen Aufwands daher nicht praktikabel.

Wie bereits oben ausgeführt, ist auch die Sterilisation mit Ethylenoxid nicht problemlos durchführbar. Auch hier sind oxidative Materialveränderungen möglich. In dem Bemühen um eine standardisierbare Methodik unter möglichst praxisnahen Bedingungen wurde versucht übliches Kathetermaterial aus Polyethylen physikalisch zu charakterisieren und reproduzierbaren mechanischen Belastungen auszusetzen [22, 23]. In diesen Untersuchungen ließen sich bereits nach 10maliger Ethylenoxidexposition Veränderungen der Molekularstruktur des Polyethylens nachweisen, damit korrelierende Veränderungen der mechanischen Eigenschaften waren nur an einem der überprüften Parameter zu erkennen. Von seiten der Materialsicherheit scheint somit eine ca. 5malige Resterilisation im Ethylenoxid möglich. Eine Übertragung dieser Ergebnisse auf andere Kathetertypen, andere Durchmesser oder andere Materialien ist jedoch nicht statthaft. Damit zeigt sich gleichzeitig das Ausmaß der erforderlichen Kontrolluntersuchungen, um zu einer gesicherten Aussage über das Materialverhalten nach Mehrfachexposition zu kommen.

Rechtslage

Alle sog. „Einmalartikel" sind gemäß § 2, Abs. 1 a des Arzneimittelgesetzes zu charakterisieren, wonach „. . . ärztliche, zahnärztliche oder tierärztliche Instrumente, soweit sie zur einmaligen Anwendung bestimmt sind und aus der Kennzeichnung hervorgeht, daß sie einem Verfahren zur Verminderung der Keimzahl unterzogen worden sind . . ." Arzneimitteln gleichgestellt werden. Die Zweckbestimmung des „Einmalartikels" trifft jedoch der Hersteller, eine Definition dieser Art sieht das Arzneimittelgesetz nicht vor. Inwieweit die Wiederaufbereitung oder Resterilisation als Herstellen im Sinne § 4, Abs. 14 AMG anzusehen ist (sog. fiktives Arzneimittel), ist noch Gegenstand der Diskussion [15, 18]. Ein ausdrückliches Verbot oder eine definitive gesetzliche Regelung bestehen nicht.

In einem Kommentar des Bundesgesundheitsamtes heißt es: „Entsprechend ihrer Bezeichnung sind die Einmalartikel nur für den einmaligen Gebrauch konzipiert. Das zeigt sich schon an der Wahl der Materialien. In der Regel handelt es sich hierbei um hitzeempfindliche Kunststoffe. Die Art der Kunststoffe ist so verschieden, daß der Verbraucher kaum in der Lage sein wird, zu erkennen, inwieweit die Brauchbarkeit eines Artikels durch die mehrfache Verwendung, die mehrfache Aufbereitung und die mehrfache Sterilisation beeinträchtigt wird. Die Objekte müssen nicht nur funktionstüchtig sein, sie müssen auch frei von Verunreinigungen mechanischer, chemischer und biologischer Art sein und müssen sich auch – ohne Schaden zu nehmen – sterilisieren lassen. Wer Einmalartikel mehrfach verwendet, tut dies in alleiniger Verantwortung" [3].

Gemäß DIN 58953, Teil 8 wird die Aufbereitung und erneute Sterilisation von Einmalartikeln für unzulässig erachtet: „Weil durch die Aufbereitung und/oder Resterilisation unter Umständen eine Materialschädigung eintritt, die den sicheren Gebrauch des Einmalartikels gefährden könnte."

Ebenso wird nach den Empfehlungen des Center for Disease Control die Resterilisation von Einwegmaterialien abgelehnt (CDC Guidelines 1985 [4a]): „Gegenstände und Materialien, die nicht gereinigt, sterilisiert oder desinfiziert werden können, ohne ihre physikalische Integrität und Funktion zu verändern, sollten nicht resterilisiert werden. Wiederaufbereitungsmaßnahmen, die zu toxischen Nebenprodukten führen oder die Sicherheit oder Effektivität des Gegenstandes oder Materials beeinträchtigen, sollten vermieden werden."

Bei den vorzitierten Empfehlungen und Normen handelt es sich nicht um bindende Rechtsvorschriften, bezüglich ihrer Rechtsqualität ist jedoch festzuhalten, daß es sich hierbei um Empfehlungen handelt, die den gegenwärtigen Stand von Wissenschaft und Technik definieren.

Abschließende Wertung

Aus der Literatur sind zahlreiche Beispiele bekannt, die die tatsächlichen Mißstände der Katheterwiederaufbereitung aufzeigen. Sie dokumentieren im wesentlichen das Fehlen eines hygienischen Grundverständnisses und eine aus unserer Sicht fahrlässige Handlungsweise [2, 4a, 5–7, 11, 13, 17]. Um derartige Komplikationen zu vermeiden, sollte eine gesicherte Wiederaufbereitung nur in der oben aufgezeigten Weise erfolgen, mit strikter Trennung der Teilbereiche Reinigung, Sterilisation und Materialüberwachung, wobei jeder Schritt für jeden Kathetertyp und jeden Durchmesser einzeln überprüft werden muß. Die Grenzen der technischen Durchführbarkeit liegen derzeit bei einem Katheterdurchmesser von 6 Charr und erwartungsgemäß bei allen endständig verschlossenen Systemen, d. h. bei allen Dilatations- und Ballonkathetern.

Würdigt man die möglichen Gefahren und Komplikationen der Aufbereitung, so muß man – insbesondere unter Berücksichtigung der unsicheren Rechtslage – trotz prinzipieller technischer Durchführbarkeit derzeit von einer Wiederaufbereitung von Angiographiekathetern abraten.

Literatur

1. Albrecht P, Werner H-P (1986) Reinigung von Angiographiekathetern als Voraussetzung einer Wiederaufbereitung. Vortrag auf der Arbeitstagung der Deutschen Gesellschaft für Hygiene und Mikrobiologie, Oktober 1986
2. Arlart JP, Sigel H (1986) Transvenöse DSA: EKG-kontrollierte cardiale Effekte und venöse Komplikationen bei präatrialer Injektion nichtionischer Kontrastmittel. Röntgenpraxis 39:293–299
3. Bundesgesundheitsamt und Bundesanstalt für Arbeitsschutz (1984) Empfehlungen des Bundesgesundheitsamts und der Bundesanstalt für Arbeitsschutz zur Vermeidung von gesundheitsschädigenden Gefahren beim Umgang mit Ethylenoxid im medizinischen Bereich (Stand v. 15.11.1984). Hyg + Med 10:94
4. Bundesgesundheitsamt (1988) Bundesgesundheitsblatt 31 (9):343
4a. Butler L, Worthley LIG (1982) Reuse of flow-directed balloon-tipped catheters. Br Med J 284:707
4b. Center für Disease Control CDC) (1985) CDC Guidelines
5. Endotoxic reactions associated with reuse of cardiac cathers (1979) Mass Morb Mortal Weekly Rep 28:25–27
6. Endotoxic reactions associated with reuse of cardiac catheters (1979) Mass Morb Mortal Weekly Rep 28:28
7. Infant death linked to catheter cleaning fluid (1982) Dev Diagn Letter 9:5
8. Jacobson JA, Schwartz CE, Marshall HW, Conti M, Burke JP (1983) Fever, chills, and hypotension following cardiac catheterization with single- and multiple-use disposable catheters. Cathet Cardiovasc Diagn 9:39
9. Jordy A (1983) Verlauf der Konzentrationen von Ethylenoxid-Reaktionsproduktion in Kunststoffen nach der Gassterilisation. Hyg + Med 8:17
10. Jordy A, Hedstück W, Reinisch S (1986) Rückstände und Reaktionsprodukte in mit Ethylenoxid (EO) sterilisierten Produkten vor der Anwendung am Patienten. Hyg + Med 11:247
11. Knudsin RB, Walter CW (1980) Detection of endotoxin on sterile catheters used for cardiac catheterization. J Clin Microbiol 11:209–212

12. Langmaack H, Menderra C, Wenz W, Wink K, Lehnert H, Daschner F (1982) Experimentelle und klinische Untersuchungen zur Frage der Wiederverwendbarkeit von resterilisierten intravasalen Kathetern. Radiologe 22:34

13. Park GR, Scott DHT (1982) Complications of the reuse of flow-directed pulmonary artery catheters. Br Med J 284:258–259

14. Ravin C, Koehler PR (1977) Reuse of disposable catheters and guide wires. Radiology 122:577–579

15. Schneider A (1987) Die Wiederaufbereitung von Einmalartikeln. Rechtliche Überlegungen. Hyg + Med 12:556–557

16. Schnieders B (1986) Empfehlungen des Bundesgesundheitsamts zur Verwendung von Ethylenoxid. BGBl 29:21

17. Swan HJC, Ganz W (1975) Use of balloon catheters in critically ill patients. Surg Clin N Am 55:501–520

18. Triebsch W, Banz M (1989) Zur Frage der Wiederaufbereitung von fiktiven Arzneimitteln, die zum einmaligen Gebrauch bestimmt sind. Hyg + Med 14:148–153. Kommentar hierzu Hyg + Med 7–8/89

19. Werner HP (1986) Wiederaufbereitung von Einweg-Material? Weder ein absolutes NEIN noch ein naives JA! Hyg + Med 11:426–430

20. Zapf S, Thelen M (1986) Wiederaufbereitung von Angiographiekathetern. I. Mitteilung: Grundlagen und Probleme einer gesicherten Wiederaufbereitung. Röntgenblätter 39:14–16

21. Zapf S, Werner HP (1983) Untersuchungen zur Keimrückgewinnung von Ethylenoxid-resterilisierten Angiographiekathetern. Hyg + Med 8:21–24

22. Zapf S, Müller K, Haas L (1987) Wiederaufbereitung von Angiographiekathetern. II. Mitteilung: Einfluß der Mehrfachsterilisation auf das Eigenschaftsniveau des Kathetermaterials. Physikalisch-chemische Untersuchungen. Röntgenblätter 40:154–158

23. Zapf S, Müller K, Haas L (1987) Wiederaufbereitung von Angiographiekathetern. III. Mitteilung: Einfluß der Mehrfachsterilisation auf das Eigenschaftsniveau des Kathetermaterials. Experimentelle Untersuchungen zum mechanischen Verhalten. Röntgenblätter 40:169–172

Klinische Aspekte der Qualitätssicherung bei der Ausscheidungsurographie

F. Schwarz

Einleitung

Der Stellenwert der Ausscheidungsurographie (AU) hat sich in den letzten Jahren durch die Einführung alternativer bildgebender Diagnostik, insbesondere durch die Ultraschalltomographie, erheblich geändert. In unserer Einrichtung wurden 1980 noch über 1000 AU angefertigt, im vergangenen Jahr nur noch 270. Entbehrlich geworden ist die AU aber keineswegs, so u. a. im Rahmen der Pyelonephritisdiagnostik, beim Harnsteinleiden und der Diagnostik von Fehlbildungen. Wesentliche Verbesserungen der technischen Bedingungen für die Bildgüte und die Entwicklung neuer Kontrastmittel (KM) haben die AU aussagekräftiger und risikoärmer gemacht. Dennoch ist eine nicht begründete Indikationsstellung zur AU vorwiegend aus Gründen des Strahlenschutzes und der weiter bestehenden KM-Risiken zu vermeiden. Standardisierungsempfehlungen können zur Optimierung bzw. zur Qualitätssicherung beitragen. Die Leitlinien der Bundesärztekammer zur Qualitätssicherung in der Röntgendiagnostik und die Fachbereichstandards in der ehemaligen DDR sind insbesondere für die Basisuntersuchungen geeignete Hilfen, um gute vergleichbare Untersuchungsergebnisse zu erzielen. Im folgenden sollen wesentliche Aspekte des Fachbereichstandards zur AU erläutert werden (Tabelle 1).

Tabelle 1. Fachbereichstandard Ausscheidungsurographie

- Indikationen und Kontraindikationen
- Voraussetzungen und Vorbereitungen
- Kontrastmittelapplikation und Dosierung
- Einstelltechnik
- Abbildungsbedingungen
- Aufnahmeprogramm
- Befundbezogene Untersuchungen
- Strahlenschutz und Hygienemaßnahmen

Indikationen und Kontraindikationen

Eine Ausscheidungsurographie ist indiziert, wenn bei dem Verdacht auf eine Erkrankung des Harnsystems nach sorgfältiger klinischer Untersuchung und Berücksichtigung paraklinischer Befunde sowie durch alternative Untersuchungsmethoden, insbesondere die Sonographie und die alleinige Nierennativaufnahme keine ausreichend therapierelevante Diagnose gestellt werden kann. Für Kinder wird die Sonographie ausdrücklich als Primäruntersuchung aufgeführt und die AU als zweite Stufe der bildgebenden Diagnostik deklariert. Absolute Kontraindikationen zur AU gibt es nicht, allenfalls muß die hochgradige Oligurie-Anurie mit zweifelhafter Ergebniserwartung und erforderlicher Dialysebereitschaft als solche eingestuft werden. Relative Kontraindikationen sind die bekannte Unverträglichkeit des zu verwendenden KM, das hepatorenale Syndrom, eine Herzinsuffizienz schweren Grades, eine schwere Hyperthyreose und die Schwangerschaft.

Voraussetzungen und Vorbereitungen

Voraussetzung für die Durchführung der Ausscheidungsurographie ist ein vom Arzt unterschriebener Überweisungsschein mit begründeter Indikationsstellung, relevanten Vorbefunden und gezielter Fragestellung sowie Hinweisen über die Nierenfunktion (in der Regel der Serumkreatininwert). Der Serumkreatininwert ist für die Untersuchungsstrategie unentbehrlich. Bei Frauen im gebärfähigen Alter sollte der Termin der letzten normalen Regelblutung mitgeteilt werden, da die AU – falls die Patientin keine Kontrazeption verwendet – nur in den ersten 10 Tagen nach Menstruationsbeginn durchgeführt werden sollte.

Als Vorbereitung zur Untersuchung ist eine gute Darmentleerung durch diätetische Maßnahmen und Medikamente wünschenswert. Die besonders ungünstigen Bedingungen bei bettlägerigen Patienten insbesondere durch starken Meteorismus sind hinlänglich bekannt. Ein besonders umstrittenes Problem stellt der Zeitpunkt der letzten Nahrungsaufnahme und Flüssigkeitszufuhr vor der Untersuchung dar. Folgt man den Vorstellungen von Anästhesisten, sollte die letzte Nahrungsaufnahme am Abend vor der Untersuchung, jedenfalls nicht später als 6 h davor und die letzte Flüssigkeitszufuhr etwa 4 h vor der Untersuchung erfolgen. Die wesentlich verbesserte Verträglichkeit moderner KM sollte es jedoch zulassen, daß diese Forderungen nicht mehr streng eingehalten werden müssen und die Patienten nicht „hungern" oder „dursten" müssen. Ein aussageminderndes „Dursturogramm" ist in jedem Fall zu vermeiden. Ein praktischer Hinweis: Vor der Untersuchung ist die Harnblase zu entleeren.

Zur Behandlung eines KM-Zwischenfalls (Tabelle 2) muß die Bereitstellung instrumenteller und medikamentöser Hilfsmittel und die Sicherung ihrer

Tabelle 2. Voraussetzungen zur Behandlung einer KM-Unverträglichkeit

---

– Geschultes Personal
– Erreichbarkeit eines Anästhesisten
– Verfügbarkeit instrumenteller und medikamentöser Hilfsmittel
– „Hinweistafeln" im Untersuchungsraum

---

sofortigen Einsatzbereitschaft gewährleistet sein. Außerdem ist geschultes Personal und die Möglichkeit der schnellen Hinzuziehung eines Anästhesisten zu fordern. Im Untersuchungsraum sind aktuelle Hinweistafeln (sie werden von KM-Firmen angeboten) zur Behandlung von KM-Zwischenfällen auszuhängen.

Zur Prophylaxe von KM-Unverträglichkeiten etwa bei gravierender Allergieanamnese verabreichen wir ein Steroid i.v. Erfahrungen mit H_1- und H_2-Rezeptorenblockern haben wir nicht. Als Hilfsmaßnahmen bei KM-Zwischenfällen sind zu empfehlen:

– Bei leichten Reaktionen (Übelkeit, Erbrechen, Hautrötung, Urtikaria): psychische Beruhigung, O_2-Gabe und ein Steroid i.v.
– Bei mittelschweren Reaktionen (ausgedehnte Urtikaria, Quincke-Ödem, RR-Abfall, Tachykardie, Luftnot): O_2-Gabe, Steroid i.v., H_1- und H_2-Rezeptorenblocker, Beinhochlagerung, Elektrolytlösungsinfusion.
– Bei schweren Reaktionen (ausgeprägter Schock, Bronchospasmus, Krämpfe): O_2-Gabe, Adrenalin, Steroid i.v., Volumensubstitution (z.B. HAES steril 6%- oder 10%ig), bei Krämpfen ein Diazepampräparat und Furosemid, bei Bronchospasmus Euphyllin.
– Bei lebensbedrohlichen Reaktionen (Bewußtlosigkeit, Atemstillstand, Herzstillstand): alle Reanimationsmaßnahmen.

Eine Anmerkung zur psychischen Beruhigung. Ich habe sie immer für sehr wichtig gehalten. Sie scheint mir jetzt bereits vor der Untersuchung besonders wichtig, aber auch erschwert hinsichtlich der angebotenen Patientenaufklärungsbögen. Diese dürften sicher bei nicht wenigen Patienten Beunruhigung schüren, die der untersuchende Arzt erst wieder zerstreuen muß.

KM-Applikation und Dosierung

Mit der Entwicklung der nichtionischen KM hat sich ein deutlicher Wandel hinsichtlich der Modalitäten der Ausscheidungsurographie ergeben (Tabelle 3). Ihr Einsatz bei der AU erfolgte aus Kostengründen zunächst nur zögernd, zumal die Verträglichkeit der ionischen KM ja keineswegs unbefriedigend war. Während wir noch vor wenigen Jahren nur bei Kindern und Risikopatienten die nichtionischen KM zur AU anwenden konnten, ist ihr Einsatz vielerorts heute schon zur Regel geworden. Die bessere Verträglichkeit hat auch zur Verwendung größerer KM-Mengen geführt: Es werden bis 1 ml/kg KG in

Tabelle 3. KM-Applikation (nichtionisches KM)

- KM-Menge 50–100 ml (1 ml/kg KG)
- KM-Konzentration 300 mg (oder 370 mg) Jod/ml
- KM-Injektionszeit 1–2 min

---

einer Konzentration von 300–370 mg Jod/ml gegeben. Die Applikation des körperwarmen KM erfolgt i.v. durch eine weitlumige Verweilkanüle am liegenden Patienten. Zunächst wird etwa 1 ml injiziert. Wenn nach ca. 1 min keine Unverträglichkeitserscheinungen auftreten, wird der Rest des KM zügig injiziert (in mindestens 1–2 min). Der Patient ist dann bis zum Ende der Untersuchung zu beobachten. Die Menge des KM wird vorwiegend durch das Körpergewicht bestimmt. Bei speziellen Indikationen wie u. a. beim Trauma und bei besonderen Fragestellungen des Harnleiterverlaufs kann eine erhöhte KM-Menge erforderlich sein. Ebenso ist bei der Niereninsuffizienz primär eine größere KM-Gabe angezeigt.

Einstelltechnik und Strahlenschutz

Die Aufnahmen erfolgen in Rückenlage auf dem Rasteraufnahmetisch. Die Übersichtsaufnahme ist so einzustellen, daß der obere Symphysenrand und der obere Nierenpol mitabgebildet sind. Wenn nötig müssen „Übergrößen" (35 × 43 cm) verwendet werden. Der bildgüteverbessernde Einfluß des Bandkompressoriums bei adipösen Patienten sollte beachtet werden.

Hinsichtlich des Strahlenschutzes wird auf die optimale Einblendung der Nutzstrahlung mittels Lichtvisier verwiesen sowie auf den patientennahen Gonadenschutz (v. a. Hodenkapsel). Der wesentlich dosissparende Einsatz von Verstärkerfolien auf der Basis seltener Erden ist auch in den neuen Bundesländern weitestgehend realisiert und ein wichtiger Faktor für die Verminderung der Strahlenbelastung.

Abbildungsbedingungen

Zwischen den Leitlinien der BÄK und den Fachbereichstandards gibt es in den technischen Daten geringe Unterschiede, die vorwiegend gerätetechnisch bedingt sind (Tabelle 4). So wird u. a. die Aufnahmespannung in den „Leitlinien" im Mittel mit 75 kV um etwa 10 kV höher angegeben. Der in den Leitlinien angegebene Fokus-Film-Abstand von 115 cm steht der Angabe von 100 cm im Fachbereichstandard gegenüber.

Tabelle 4. Abbildungsbedingungen. Nach Leitlinien BÄK

– Aufnahmespannung:	75 (70–90) kV
– Brennfleckgröße:	<1,3 mm
– Film-Fokus-Abstand:	115 cm
– Belichtungsautomatik:	Meßfelder je nach Fragestellung
– Expositionszeit:	< 100 ms
– Streustrahlenraster:	12/40 (8/40)
– Film-Folien-Kombination:	Empfindlichkeitsklasse 400 (200–800)

Die Angaben des Streustrahlenrasters werden zahlenmäßig unterschiedlich definiert. Entsprechend den Angaben für die Film-Folien-Kombinationen würden wir, nach den Erfahrungen der letzten Wochen, für Erwachsene in der Regel die Empfindlichkeitsklasse 400 favorisieren.

Aufnahmeprogramm

Grundsätzlich muß die Untersuchung von einem Arzt geleitet werden, die Empfehlung eines Basisprogramms kann nur zur Orientierung dienen. Die Aussagekraft hinsichtlich der „ärztlichen Qualitätsforderungen" und der Beantwortbarkeit der Fragestellung ist entscheidend. Die Verbesserung der Entwicklungstechnik, u. a. mit einem Tageslichtautomaten, ermöglicht schnelle Entscheidungen in der Untersuchungsstrategie (Tabelle 5).

Das Basisprogramm könnte bei den heute bestehenden Untersuchungsbedingungen mit 3 Aufnahmen in vielen Fällen ausreichen. Unverzichtbar ist die Nierenleeraufnahme (auch als Grundlage für die Sonographie), da sie es möglich macht über Form, Lage und Größe der Nieren, den Psoasschatten und mögliche Konkremente Aussagen zu treffen. Eine Aufnahme 5 min nach Beginn der KM-Injektion garantiert in der Regel bereits Aussagen über das Nierenparenchym, das Nierenbeckenkelchsystem und die Harnleiter sowie eine beginnende Blasenfüllung. 15 min p.i. ist das Nierenbeckenkelchsystem meistens noch kräftiger gefüllt, die Harnleiter stellen sich in größeren Abschnitten dar und auch die Harnblase ist oft gut beurteilbar gefüllt.

Relativ häufig werden Zusatzaufnahmen nötig sein, die sich meistens jedoch aus speziellen Fragestellungen ergeben (Tabelle 6). Im Fachbereichstandard war die Aufnahme nach Ureterkompression noch im Basisprogramm integriert. Sie ist aus unserer Sicht heute zur optimalen Darstellung des Nierenbeckenkelchsystems kaum noch erforderlich. Ursachen dafür sind hauptsächlich das größere KM-Angebot und die Vermeidung des „Dursturogramms". Die Stehaufnahme fertigen wir noch häufig an, da sie keineswegs nur zur Darstellung einer hypermobilen Niere geeignet ist. Sie gibt auch Auskunft über Lagebeziehungen insbesondere zu Kalkschatten bei Konkrementverdacht. Wichtig ist auch oft die Überprüfung der Abflußverhältnisse aus dem Nieren-

Tabelle 5. Basisaufnahmeprogramm

	Filmformat
– Übersichtsaufnahme nativ	
– 1. KM-Aufnahme 5 min. p.i.	30 × 40 cm (hoch) oder 35 × 43 cm
– 2. KM-Aufnahme 15 min. p.i.	

Tabelle 6. Zusatzaufnahmen

- Nach Ureterkompression
- Im Stehen
- Schichtaufnahmen (Zonogramm)
- Blasenaufnahme
- Blasenaufnahme nach Miktion
- Aufnahme in Bauchlage
- Spätaufnahmen
- „Belastungsurogramm" mit Furosemid

hohlsystem. Schichtaufnahmen als Zonogramme sind in der Regel bei störenden Darminhaltüberlagerungen erforderlich. Eine Blasenaufnahme in Prallfüllung und eine Blasenaufnahme nach Miktion werden vorwiegend bei urologischen Fragestellungen angefertigt. Die Aufnahme in Bauchlage kann ergänzende Informationen über Abflußverhältnisse und Lagebeziehungen beim Harnsteinleiden liefern. Spätaufnahmen werden bei Harnstauungsnieren oder bei der Ausscheidungsinsuffizienz erforderlich.

„Belastungsurogramme" mit Furosemid sind in der Diagnostik von Harnleiterabgangsstenosen vorwiegend in der Pädiatrie wertvoll.

Qualitätsmerkmale

Wesentliche Qualitätsmerkmale der Ausscheidungsurographie wurden bereits angesprochen, sie sollen abschließend noch einmal entsprechend den Qualitätsforderungen der Leitlinien zusammengefaßt werden. Die Nierennativaufnahme muß das Abdomen vom oberen Symphysenrand bis zum oberen Nierenpol abbilden. Die Nieren und Psoasrandkonturen sowie die Konturen und Strukturen der mitabgebildeten Knochen sollen abgrenzbar sein. Wichtig ist die Abbildung kleiner Verkalkungen. (Im Sonogramm sind Konkremente unter 5 mm kaum zu diagnostizieren.)

Nach KM-Gabe wird das Nierenparenchym infolge Dichtezunahme durch den nephrographischen Effekt besser abgrenzbar. Weitere Forderungen sind die gute Differenzierbarkeit von Nierenbecken und Kelchen, die Verfolgbarkeit des Harnabflusses durch die Ureteren und die vollständige Darstellung der Harnblase. Als Merkmalgröße wichtiger Bilddetails wird 1 mm angegeben. Kritische Strukturen sind kleine Verkalkungen und die Abgrenzung der Nierenränder und Fornices.

Instrumentelle urologisch-radiologische Diagnostik

P. Faber und L. Hertle

Einleitung

Die Errungenschaften der modernen Medizintechnik mit Sonographie, CT, NMR und Isotopenuntersuchungen der Niere und ableitenden Harnwege haben auch die Indikation zu invasiven urologisch-radiologischen Untersuchungen deutlich verändert.

So kommt die retrograde Pyelographie heute in der Regel nur dann zur Anwendung, wenn eine Ausscheidungsurographie und die genannten Verfahren es nicht ermöglichen, anatomisch-morphologische Veränderungen an Harnleiter und Nierenhohlsystem ausreichend darzustellen. Neben der Dokumentation morphologischer Verhältnisse dient die Miktionszysturethrographie vor allem auch zur Erfassung funktioneller Vorgänge; sie ist hierbei bisher kaum durch andere Untersuchungstechniken zu ersetzen.

Die retrograde Urethrographie vervollständigt die Palette der instrumentellen urologisch-radiologischen Methoden in der Diagnostik der ableitenden Harnwege.

Retrograde Pyelographie

Vorbereitung

Aufklärung des Patienten über die Zystoskopie mit Applikation von Kontrastmittel in den Harnleiter. Eine Analgosedation oder eine Narkose ist in der Regel nicht erforderlich. Der Patient wird in Steinschnittlage auf dem Röntgentisch gelagert.

Instrumentelle Technik

Die Kontrastmitteldarstellung des Harnleiters und des Nierenbeckens erfolgt über einen Ureterenkatheter (UK), der unter Sichtkontrolle mittels Zystoskop zunächst in den intramural verlaufenden Teil des Harnleiters eingeführt und dann unter Röntgenkontrolle bis in das Nierenbecken vorgeschoben wird.

Das Arbeitszystoskop hat einen Außendurchmesser von 21 F. Durch den Arbeitskanal passen UKs von 3 bis 8 F. Zur einfachen retrograden Pyelographie werden UKs von 3 bis 5 F empfohlen. Soll nach der Pyelographie der UK zur Harnableitung in dem Harnleiter verbleiben, so sollte ein 7 oder 8 F starker Katheter verwendet werden, dessen Spitze dann im Nierenbecken zu liegen kommt.

Es existieren verschiedene Formen von Kathetern, die sich im wesentlichen durch die Form ihrer Spitzen unterscheiden. Am häufigsten verwenden wir einen Katheter mit gebogener, olivenförmiger Spitze nach Thiemann. Die stumpfe Spitze verringert die Verletzungsgefahr, durch die Biegung der Spitze ist der Katheter steuerbar. Der noch weit verbreitete Woodruff-Katheter dient der Abdichtung des Ostiums zur Blase hin. Ein Vorbringen des recht starren Katheters mit abgeschrägter und scharfkantiger Spitze in das Nierenbecken ist ebensowenig möglich wie das Aspirieren des Urins aus dem Nierenhohlsystem.

Kontrastmittel

Für die retrograde Pyelographie verwenden wir 10 ml eines ionischen Kontrastmittels mit 282 mg Jod/ml. Dieses ziehen viele Urologen zusammen mit 10 ml einer Mischung aus 32 500 IE Neomycinsulfat und 2500 IE Bacitracin in einer 20-ml-Spritze auf. Das Kontrastmittel kann auch mit bis zu 10 ml einer sterilen, physiologischen Kochsalzlösung verdünnt werden. Die Mischung wird mit Raumtemperatur appliziert. Eine anschließende Kurzzeitantibiose wird empfohlen (z. B. 2mal 1 Tabl. Trimethoprim 80 mg, Sulfamethoxazol 400 mg).

Aufnahmetechnik

Durchleuchtungsgezielte Aufnahmen am Zielgerät (z. B. 100-mm-Kamera), Aufnahmen in digitaler Technik, konventionelle Blattfilmaufnahmen. Gonadenschutz bzw. Hodenkapsel.

Applikationstechnik

Der Arbeitsablauf gestaltet sich unter streng aseptischen Kautelen wie folgt: Einbringen des Zystoskops mit 0°-Optik in die Blase, Wechsel der Optik auf 70°, Inspektion der Blase mit Aufsuchen und Beurteilen der Harnleiterostien, Auswahl des geeigneten UK und Vorschieben in den Arbeitskanal. Erscheint die Spitze des UK in der Blase, werden 2–3 ml Kontrastmittel gespritzt und der UK so entlüftet. Sondieren des Harnleiterostiums, Vorschieben des UK unter Durchleuchtung (DL), bis Widerstand auftritt oder der UK im Nierenbecken ist. Dabei kann es sinnvoll sein, schon vor Erreichen des Nierenbeckens geringe Mengen Kontrastmittel in den Harnleiter zu geben oder einen Man-

drin einzusetzen (z. B. Kinking, Stenose, Tumor, Konkrement). Der im Nierenbecken befindliche Urin wird abgesaugt (bei Tumorverdacht wird eine Urinzy-
tologie veranlaßt) und durch Kontrastmittel ersetzt, bis sich das Nierenhohlsystem ausreichend darstellt. Hierfür reichen in der Regel 3–5 ml Kontrastmittel
aus, die langsam über 15–20 s unter geringem Druck injiziert werden. Das
„Überspritzen" birgt die Gefahr von Fornixruptur und Blutungen und bereitet dem Patienten unnötige Schmerzen. Beim Herausziehen des UK werden
kleine Mengen Kontrastmittel zur Darstellung des Harnleiters unter Durchleuchtungskontrolle injiziert.

Dokumentation und Qualitätsmerkmale

Die retrograde Pyelographie erfolgt grundsätzlich unter Durchleuchtungskontrolle. Je nach Fragestellung und gewünschter Detailwiedergabe kann die Dokumentation über konventionellen Blattfilm oder über Bildverstärkerphoto-
graphien erfolgen. Soweit eine Leeraufnahme nicht vorliegt, wird diese vor
Untersuchungsbeginn als a.p.-Aufnahme angefertigt. Eine weitere a.p.-Auf-
nahme erfolgt bei optimal gefülltem Nierenbecken mit ebenfalls dargestelltem
Harnleiter. Dies bedeutet, daß Nierenbecken und Kelche gerade gefüllt und
durch die Kontrastmittelapplikation auf keinen Fall ballonartig aufgetrieben
sind. Der Harnleiter ist auf ganzer Länge durchgezeichnet, jedoch nicht durch
die Kontrastmittelapplikation dilatiert. Bei raschem Kontrastmittelabfluß
über den Harnleiter kann eine dosierte, kontinuierliche Injektion von Kontrastmittel zur Darstellung der geforderten Bildmerkmale notwendig sein. Nierenbecken und Harnleiter müssen luftblasenfrei dargestellt sein.

Je nach Fragestellung sind weitere Aufnahmen in seitlichem oder schrägem
Strahlengang durchzuführen. Angaben über Lagerung bzw. Strahlengang sollten auf dem Bild vermerkt sein.

Komplikationen

Durch Einführen des UK in die ableitenden Harnwege kann es zu einer Keimverschleppung kommen. Pyelonephritis- und Urosepsisgefahr bestehen insbesondere bei Harnstauungsnieren mit eingeschränktem Selbstreinigungsmecha-
nismus. Die Fornixruptur durch „Überspritzen" wie auch Schleimhautläsio-
nen und Harnleiterperforation durch gewaltsames Vorschieben des Katheters
bedürfen in der Regel keiner weiteren Maßnahmen. Eine antibiotische Behandlung und stationäre Überwachung sind jedoch gelegentlich angezeigt.

Miktionszysturethrographie (MZU)

Vorbereitung

Aufklärung des Patienten über die Applikation von Kontrastmittel in die Blase über einen Blasenkatheter (transurethral oder suprapubisch). Lagerung des Patienten in Rückenlage auf dem Röntgentisch.

Instrumentelle Technik

Für den Blasenkatheterismus werden von uns bei den männlichen Patienten Einmalkatheter mit Thiemann-Spitze der Stärke 10–14 F verwendet. Bei weiblichen Patienten wird ein Ballonkatheter der Stärke 10–14 F in die Blase eingebracht und mit 5 ml 0,9%iger, steriler Kochsalzlösung geblockt. Insbesondere die männliche Harnröhre sollte schonend katheterisiert und zuvor durch ein Instillationsanästhetikum behandelt werden (z.B. Instillagel oder Xylocain Gel 2%). Eine aufgesetzte Penisklemme verhindert das Auslaufen des Anästhetikums während der Einwirkzeit. Schmerzen unter der Miktion führen zu einem stark veränderten Miktionsablauf.

Eine suprapubische Blasenpunktion ist nur selten indiziert und sollte bei voller Blase und unter Ultraschallkontrolle erfolgen. Zum Auffangen des Urins unter der Miktion dient ein ca. 10 · 40 cm großer, durchsichtiger Kunststoffbeutel, der über den Penis gestülpt und am Unterbauch oder am Oberschenkel mit Pflaster befestigt wird.

Kontrastmittel

Bei der Miktionszysturethrographie verwenden wir ein ionisches Kontrastmittel mit 180 mg Jod/ml. Sind 250 ml dieses Kontrastmittels in die Blase eingelaufen, werden zur weiteren Füllung bis zu 250 ml einer 0,9%igen, sterilen Kochsalzlösung verwendet. Die Kontrastmittelkonzentration in der Blase sinkt hierbei nicht unter 90 mg Jod/ml. Bei einer Blasenkapazität über 500 ml wird erneut Kontrastmittel und ggf. Kochsalzlösung appliziert. Applikation der Lösungen mit Körpertemperatur.

Aufnahmetechnik

Durchleuchtungsgezielte Aufnahmen am Zielgerät (z.B. 100-mm-Kamera), Aufnahmen in digitaler Technik, konventionelle Blattfilmaufnahmen. Gonadenschutz bzw. Hodenkapsel.

Applikationstechnik

Nach Katheterisierung und Entleerung der Blase unter sterilen Bedingungen läßt man das Kontrastmittel langsam über das Infusionssystem und den Katheter einlaufen. Der Spiegel der infundierten Lösung sollte dabei nicht höher als 35 cm über Blasenniveau liegen. Zu hoher Infusionsdruck und zu schnelle Applikation können einen Harndrang noch vor der vollständigen Blasenfüllung auslösen.

Unter sparsamer Durchleuchtungskontrolle wird die Blase gefüllt, bis der Patient Harndrang angibt.

Dokumentation und Qualitätsmerkmale

Bei Verdacht auf vesikoureteralen Reflux:

Vor der Blasenfüllung wird ein a.p.-Leerbild mit distaler Harnleiterregion, Blase und Urethra angefertigt. Tritt unter Durchleuchtung in der Füllungsphase (Niederdruckreflux) oder in der Miktionsphase (Hochdruckreflux) Kontrastmittel in den Ureter über, so wird der Reflux in seiner maximalen Ausprägung dokumentiert. Dies geschieht durch eine a.p.-Aufnahme, die ggf. die Nierenhohlsysteme mit einschließen muß. Bei geringem Reflux kann eine schräge Aufnahme nötig sein, um den an der seitlichen Hinterwand verlaufenden Anteil des Ureters darstellen zu können. Erforderlich ist eine Aufnahme spätestens am Ende der Füllungsphase, wenn nicht schon vorher pathologische Veränderungen aufgetreten sind.

Bei Verdacht auf neurogene Blasenentleerungsstörung:

Vor der Blasenfüllung wird ein a.p.-Leerbild mit distaler Harnleiterregion, Blase und Urethra angefertigt. Die Füllung der Blase sollte unter gleichzeitigen urodynamischen Messungen mit simultaner Dokumentation von Urodynamik und relevanten Durchleuchtungsbefunden auf Videoband erfolgen. Die Lagerungsmöglichkeiten des Patienten werden durch die urodynamischen Messungen bestimmt.

Bei Verdacht auf Veränderungen der Harnröhre und des Blasenhalses werden beim Mann die Leeraufnahme, das Füllungsbild und eine Aufnahme auf dem Höhepunkt der Miktion bei schrägem Strahlengang (ca. 45°) unter Durchleuchtungskontrolle angefertigt. Dies ermöglicht eine gute Darstellung und Beurteilung auch der hinteren Harnröhre. Im Stehen erreicht man die erforderliche Position durch eine Fechter- oder Boxerstellung. Dies wird der gewohnten Miktionsposition männlicher Patienten am ehesten gerecht. Weit verbreitet ist jedoch auch eine Lagerung des Patienten auf dem Tisch in „Lauenstein-Position" mit Schräglage (ca. 45°). Der Penis ist in jedem Falle nach lateral und körpernah zu der der Strahlenquelle abgewandten Seite zu lagern. Auf dem Höhepunkt der Miktion ist die Harnröhre auf voller Länge mit Kontrastmittel gut gefüllt und durchgezeichnet. Der Blasenhals ist ohne Überlagerungen durch eine Verkippung der kontrastmittelgefüllten Blase dargestellt.

Bei Verdacht auf Veränderungen der Harnröhre und des Blasenhalses wird bei der Frau im Sitzen die Leeraufnahme, das Füllungsbild und eine Aufnahme auf dem Höhepunkt der Miktion bei seitlichem Strahlengang unter Durchleuchtungskontrolle angefertigt. Die Darstellungskriterien von weiblicher Harnröhre und Blasenhals müssen denen der männlichen entsprechen.

Zur Dokumentation von Blasendivertikeln reichen in der Regel eine a.p.-Leeraufnahme, ein seitliches sowie ein a.p.-Füllungsbild aus.

Zum Nachweis von Blasentumoren sind Zystographie bzw. MZU nicht geeignet.

Komplikationen

Sie werden bestimmt durch das Risiko im Rahmen des Katheterismus bzw. der Blasenpunktion. Entzündungen der unteren Harnwege stellen eine relative Kontraindikation zur MZU dar.

Retrograde Urethrographie

Vorbereitung

Aufklärung des Patienten über die retrograde Urethrographie. Der Patient wird in Rückenlage auf dem Röntgentisch gelagert. Eine Harnröhrenanästhesie ist nicht erforderlich.

Instrumentelle Technik

Zur Kontrastmittelapplikation in die männliche Harnröhre kann ein Ballonkatheter der Stärke 8–12 F in die Fossa navicularis des Penis eingelegt und mit 1–2 ml 0,9%iger, steriler Kochsalzlösung geblockt werden, bis der Patient ein leichtes Druckgefühl verspürt. Alternativ werden Spritzenansatzgeräte verschiedener Art verwendet. Hierbei kommt eine Knopfkanüle in der Fossa navicularis bzw. ein olivenförmiges Ansatzstück am Meatus urethrae zu liegen und wird durch eine Klemmeinrichtung fixiert, die den Penis im Sulcus coronarius konzentrisch umfaßt.

Die weibliche Harnröhre kann mit einem Doppelballonkatheter nach Davis und Cian dargestellt werden. Der in die Blase zu legende Ballon wird mit 5–10 ml einer sterilen physiologischen Kochsalzlösung geblockt und dichtet unter leichtem Zug die Harnröhre zur Blase hin ab. Anschließend wird der äußere Ballon geblockt, bis die äußere Harnröhrenmündung gerade okkludiert ist. Zwischen den Ballons befindet sich eine kleine Öffnung, die mit dem Lumen des Katheters verbunden ist und die Kontrastmittelapplikation in die Harnröhre erlaubt.

Kontrastmittel

Für die retrograde Urethrographie verwenden wir 10 ml eines ionischen Kontrastmittels mit 282 mg Jod/ml. Dieses ziehen viele Urologen zusammen mit 10 ml einer Mischung aus 32 500 IE Neomycinsulfat und 2500 IE Bacitracin in einer 20-ml-Spritze auf. Das Kontrastmittel kann auch mit bis zu 10 ml einer sterilen, physiologischen Kochsalzlösung verdünnt werden. Die Mischung wird mit Raumtemperatur appliziert. In der Regel werden beim Mann 40 – 60 ml dieser Mischung benötigt und mit Raumtemperatur appliziert. Eine anschließende Kurzzeitantibiose wird empfohlen (z. B. 2mal 1 Tabl. Trimethoprim 80 mg, Sulfamethoxazol 400 mg).

Aufnahmetechnik

Durchleuchtungsgezielte Aufnahmen am Zielgerät (z. B. 100-mm-Kamera). Aufnahmen in digitaler Technik, konventionelle Blattfilmaufnahmen. Gonadenschutz bzw. Hodenkapseln.

Applikationstechnik

Vor Ein- oder Anbringen der Katheter bzw. Ansatzgeräte unter sterilen Bedingungen werden die Kontrastmittelkanäle gefüllt und entlüftet. Das Kontrastmittel wird unter Durchleuchtungskontrolle langsam injiziert, bis sich die Harnröhre gerade voll entfaltet hat. Beim Mann kann es dabei zu einem Übertritt von Kontrastmittel in die Blase kommen. Dies sollte jedoch nicht gegen den Widerstand des Schließapparats bzw. einer vergrößerten Prostata erzwungen werden.

Dokumentation und Qualitätsmerkmale

Unter Durchleuchtungskontrolle ist in der Regel eine Füllungsaufnahme ausreichend. Bei der Frau erfolgt diese als a.p.-Aufnahme im Liegen, bei der Dokumentation von Divertikeln können auch schräge oder seitliche Aufnahmen erfolgen.

Unter Durchleuchtungskontrolle ist beim Mann in der Regel ebenfalls eine Füllungsaufnahme ausreichend. Die Lagerung des Patienten erfolgt auf dem Tisch in „Lauenstein-Position" mit Schräglage (ca. 45°). Der Penis ist in jedem Falle nach lateral und körpernah zu der der Strahlenquelle abgewandten Seite zu lagern.

Bei Frau und Mann sollte auf dem Füllungsbild die Harnröhre gerade voll entfaltet, luftblasenfrei und auf ganzer Länge durchgezeichnet sein. Ein „Überspritzen" zur vermeintlich besseren Darstellung ist zu vermeiden.

Komplikationen

Schleimhauteinriße und Kontrastmittelextravasate können bei zu rascher Kontrastmittelinjektion bzw. „Überspritzen" entstehen. Es besteht dann die Gefahr der Keimverschleppung und allergischer Reaktionen.

Diskussion

Die im vorangegangenen Text beschriebenen Untersuchungen und gegebenen Empfehlungen könnten den Eindruck erwecken, daß durch eine hohe Standardisierung der Parameter Kontrastmittel, Lagerung und apparative Technik auch eine qualitativ entsprechende Dokumentation und Interpretation der Befunde möglich sei.

Dies mag zum Beispiel für das Ausscheidungsurogramm als eine Art Screeningverfahren in der urologisch-radiologischen Diagnostik gelten. Im Gegensatz dazu stellen das MZU und die retrograde Pyelographie bzw. Urethrographie in der Regel eine ergänzende Untersuchung unter Durchleuchtungskontrolle bei vorbekannten, näher zu präzisierenden Veränderungen dar. Eine an die Erfordernisse angepaßte interaktive Variation der Untersuchungstechnik ist soweit nötig durchzuführen. Zur Qualitätssicherung und Reduktion der Strahlenbelastung erfordert dies gute Kenntnisse der möglichen morphologischen und funktionellen Veränderungen. Eine differenzierte, schriftliche Darstellung der vom Untersucher erhobenen Durchleuchtungsbefunde muß dann die reguläre Bilddokumentation vervollständigen.

Cholegraphie

H. Platzbecker

Voraussetzungen und Vorbereitungen

Voraussetzungen

- Vorliegen des vollständig ausgefüllten und vom Arzt unterschriebenen Überweisungsscheins mit gezielter klinischer Fragestellung auf der Grundlage einer wissenschaftlich begründeten Indikationsstellung sowie die Angabe der für die Untersuchung relevanten Befunde, insbesondere über alkalische Phosphatase, Bilirubin und Transaminasen im Serum; bei Frauen im generationsfähigen Alter mit Termin der letzten normalen Regelblutung.
- Bei Frauen im generationsfähigen Alter, die keine Antikonzeptiva anwenden, ist die Untersuchung in den ersten 10 Tagen nach Menstruationsbeginn durchzuführen.

Vorbereitungen

- Der Patient muß nüchtern sein. 2 Tage vor der Untersuchung sind blähende und fettreiche Mahlzeiten zu vermeiden. Eine fettreiche Mahlzeit am Nachmittag vor der Untersuchung ist förderlich.
- Für die i.v.-Cholegraphie möglichst vollständige Entleerung des Darms durch diätetische Maßnahmen, Medikamente, Reinigungseinlauf.
- Bereitstellung der instrumentellen und medikamentösen Hilfsmittel für die Behandlung eines Kontrastmittelzwischenfalls und Sicherung ihrer sofortigen Einsatzbereitschaft.
- Im Untersuchungsraum sind die aktuellen Hinweistafeln für die Behandlung von Kontrastmittelunverträglichkeiten auszuhängen.
- Die Möglichkeit zur Schichtuntersuchung muß gegeben sein.

Diagnostische Möglichkeiten

- Steinerfassung:
  - röntgennegative,
  - röntgenpositive,

- multipel,
- solitär,
- große Steine,
- kleine Steine,
- Choledocholithiasis,
- Cholelithiasis;
- Zustand der Gallenwege,
- Zustand der Papillenregion.

Besondere Maßnahmen

Strahlenschutzmaßnahmen

- Wissenschaftlich begründete Indikationsstellung,
- entsprechende Maßnahmen für das Personal.

Insbesondere sind zu beachten:
- für den Aufnahmebetrieb: optimale Einblendung der Nutzstrahlung mittels Lichtvisier,
- für den Durchleuchtungsbetrieb: optimale Einblendung der Nutzstrahlung und kurze Durchleuchtungszeiten,
- patientennaher Gonadenschutz.

Hygienemaßnahmen

Vor jeder Untersuchung sind die Patientenkontaktflächen am Gerät zu reinigen oder abzudecken sowie bei erhöhtem Infektionsrisiko, insbesondere nach Untersuchung von Patienten mit septischen Wunden, zu desinfizieren.

Indikationen und Kontraindikationen

Indikationen

Erstuntersuchung bei Verdacht auf eine Erkrankung der Gallenblase oder der Gallenwege ist die Ultraschalluntersuchung.

Die Cholegraphie ist indiziert zum Nachweis oder Ausschluß pathologischer Röntgenbefunde der Gallenblase und der Gallengänge, wenn die Ultraschalluntersuchung für das therapeutische Vorgehen entscheidende Fragen nicht zu beantworten gestattet.

1. Die orale Cholegraphie wird durchgeführt, wenn keine Indikation zur i.v.-Cholegraphie besteht.
2a. Die i.v.-Cholegraphie durch Infusion oder Injektion ist unter folgenden Bedingungen indiziert:

Tabelle 1. Laborparameter

Bilirubin im Serum	
Normalwert:	< 1,0 mg/dl
Alkalische Phosphatase im Serum	
Normalwert:	< 170 U/l

- bei Erhöhung des alkalischen Phosphatasegehalts im Serum[1] (s. Tabelle 1),
- bei Erhöhung des Bilirubingehalts im Serum[1] (s. Tabelle 1),
- bei Erhöhung des Transaminasengehalts im Serum[1],
- bei gastrointestinalen Erkrankungen mit erheblicher Beeinträchtigung der Resorptionsfähigkeit,
- bei Zustand nach Cholezystektomie,
- wenn die orale Cholegraphie für das therapeutische Vorgehen entscheidende Fragen nicht zu beantworten gestattet, z. B. infolge ungenügender Darstellung der Gallenblase, und auch durch Wiederholung dieser Untersuchung kein wesentlicher Informationsgewinn zu erwarten ist,
- wenn die Ultraschalluntersuchung keinen eindeutigen Befund erbracht hat.

2b. Die i.v.-Cholegraphie hat durch Infusion zu erfolgen
- bei Erhöhung des alkalischen Phosphatasegehaltes im Serum[1],
- bei Erhöhung des Bilirubingehalts im Serum[1],

Kontraindikationen

Für die orale Cholegraphie:
- absolut: keine;
- relativ:
    - Indikationen zur i.v.-Cholegraphie,
    - Schwangerschaft.

Für die i.v.-Cholegraphie durch Infusion und Injektion:
- absolut: keine;
- relativ:
    - bekannte Unverträglichkeit des zu verwendenden Kontrastmittels,
    - hepatorenales Syndrom,
    - Herzinsuffizienz schweren Grades,

---

[1] Bei erheblich erhöhten Laborparametern sollte auf die Untersuchung verzichtet werden.

- Erhöhung des alkalischen Phosphatasegehalts im Serum (erheblich),
- erhebliche Erhöhung des Bilirubingehalts,
- Zustand nach biliodigestiver Anastomose,
- Nachweis von Gas in den Gallengängen,
- Schwangerschaft.

Art und Konzentration des Kontrastmittels

Orale Cholegraphie

- Bilimiro (Iopronsäure) – 6 Tabl.
- Biloptin (Iopodinsäure) – 2mal 6 Kapseln,

I.v.-Cholegraphie

- Biliscopin (Iotroxinsäure); Infusion bzw. Injektion,
- Endomirabil (Iodoxaminsäure); Injektion bzw. Infusion,

Intraoperative Cholangiographie/PTC/T-Drainfüllung postoperativ

- Kontrastmittel: 60%iges, wasserlösliches, nierengängiges KM, evtl. verdünnt mit physiologischer Kochsalzlösung (1:1)
- Zusatz: 25 g Sorbit verdünnt mit 100 ml Wasser.

Dosis und Applikationsform

Orale Cholegraphie:

- Einnahme als Einzeldosis:
  Am Vorabend oder 4 h vor der Untersuchung als Einzeldosis 1 OP (alle Tabletten) des Kontrastmittels.

- Einnahme fraktioniert:
  Jeweils 1 OP (alle Tabletten) des Kontrastmittels am Vorabend und 4 h vor der Untersuchung.

Applikationsgeschwindigkeit

- Infusion:
  Kontrastmittelinfusionslösung auf Körpertemperatur angewärmt am liegenden Patienten innerhalb von 30–40 min infundieren.

- Injektion:
  20 ml Kontrastmittel unverdünnt und auf Körpertemperatur angewärmt durch weitlumige Verweilkanüle am liegenden Patienten innerhalb von 8–10 min injizieren.

Aufnahmezeiten

Die Untersuchung ist vom Arzt zu leiten und der Patient bis zum Ende der Untersuchung zu beobachten.

Empfohlene Basisaufnahmeprogramme:
Die Röntgenuntersuchung beginnt mit der Übersichtsaufnahme ohne Kontrastmittel. Bei oraler Cholegraphie kann auf diese Aufnahme verzichtet werden.

Orale Cholegraphie

1. Aufnahme: Übersichtsaufnahme nach Einnahme des Kontrastmittels
2. Aufnahme: Wenn die Gallenblase auf der 1. Aufnahme abgrenzbar ist folgt eine Aufnahme im Stehen, möglichst Zielaufnahme bzw. Zielaufnahmeserie (s. auch Tabelle 2).
3. Aufnahme: 30 min nach einer Reizmahlzeit (s. auch Tabelle 2).

Tabelle 2. Aufgaben der 2. und 3. Aufnahme

Aufnahme im Stehen	Reizmahlzeit[a]
Ausschluß „schwebender" Steine (meist reine Cholesterinsteine!)	Erhöhung der Trefferquote (kleine Steine)
Differentialdiagnose Luft/Stein	Erfassung der Kontraktionsfähigkeit
Differentialdiagnose Polyp/Stein (Wandhaftung)	Erfassung der Abflußverhältnisse ins Duodenum

[a] Bei eindeutigen Befunden, insbesondere bei nachgewiesener Cholelithiasis entfällt die Reizmahlzeit.

I.v.-Cholegraphie (Infusion bzw. Injektion)

1. Aufnahme: 90 min nach Kontrastmittelapplikation;
2. Aufnahme: 120 min nach Kontrastmittelapplikation;
3. Aufnahme: Aufnahme im Stehen, möglichst Zielaufnahme
                    bzw. Zielaufnahmeserie;
4. Aufnahme: 30 min nach Reizmahlzeit.

Untersuchung bei Zustand nach Cholezystektomie:
1. Aufnahme: 15 min nach Kontrastmittelapplikation;
2. Aufnahme: 30 min nach Kontrastmittelapplikation.

Standardempfehlungen

Einstelltechnik (s. auch Tabelle 3)

Die Aufnahmen werden auf dem Rasteraufnahmetisch in Bauchlage des Patienten durchgeführt. Die rechte Körperhälfte wird um 30° angehoben und mit Schaumstoffkeilen unterpolstert.

Tabelle 3. Kenngrößen und Kennwerte der Bilderzeugung

Kenngrößen		Kennwerte
Röhrenspannung	[kV]	60 – 70
Filterung	[mmAl]	Eigenfilterung nach DIN 6811 Zusatzfilterung keine
Leistung des Generators	[kW]	6-Puls- oder 12-Pulsgenerator ≥ 30
Leistung der Röntgenröhre	[kW]	≥ 30
Auslastung der Röntgenröhre	[%]	100
Brennfleckgröße		$0{,}6 \cdot 0{,}6 - 1{,}2 \cdot 1{,}2$
Streustrahlungsraster Schachtverhältnis		12/40 (8/40)
Fokus-Film-Abstand	[cm]	100 – 115
Filmformat	[cm × cm]	18 × 24 oder 24 × 30
Bildwandlersystem: – Filmmaterial		Röntgenfilm entsprechend DIN 6815, 6867, 6888
– Verstärkerfolien		Hochverstärkende Folie (S um 200)
Meßfelder des Röntgenbelichtungs- systems		Mittleres Meßfeld

Die Aufnahmen im Stehen bzw. Zielaufnahmen erfolgen am Stativ mit senkrechtem Raster bzw. durchleuchtungsgezielt.

Die Aufnahmen sollten mit für die Befunddarstellung optimaler Einblendung eingestellt werden.

Abweichungen von Standardempfehlungen

Negative Gallenblasenfüllung:
- Zystikusstein,
- Cholezystitis,
- Tumor der Gallenblase,
- Atresie der Gallenblase,
- Zustand nach Cholezystektomie,
- Nichteinnahme der Diagnostika,
- Mangelnde Resorption des Kontrastmittels.

Ist zur Klärung spezieller Fragestellungen oder wegen des Zustands des Patienten die Anwendung der Basisuntersuchung nach Standard nicht zweckmäßig oder nicht möglich, sind befundbezogene Röntgenuntersuchungen anzuwenden.

Die Indikation für befundbezogene Untersuchungen ergibt sich:
- im Verlauf oder aus dem Ergebnis der Basisröntgenuntersuchung,
- aus dem Ergebnis der Ultraschalluntersuchung,
- aus anderen Informationen über den Patienten,
- wenn der Zustand des Patienten es nicht gestattet, die Basisuntersuchung nach Standard anzuwenden.

Befundbezogene Untersuchungen der Gallenblase und der Gallengänge sind z. B.:
- die Schichtuntersuchung (s. Tabelle 4); ohne die Möglichkeit der Tomographie keine i.v.-KM-Gabe,
- die perkutane transhepatische Cholangiographie,
- die endoskopische retrograde Cholangiographie.

Tabelle 4. Darstellungsmöglichkeiten der Tomographie hinsichtlich Gallenblase und Gallenwege

In Bauchlage	Zonographie	In Rückenlage
Gallenblase (3–7 cm)[a]	Gallenwege	Gallenblase
Gallenwege (7–12 cm)[a]		
(Schichtabstand 1 cm)		

[a] Schichttiefen.

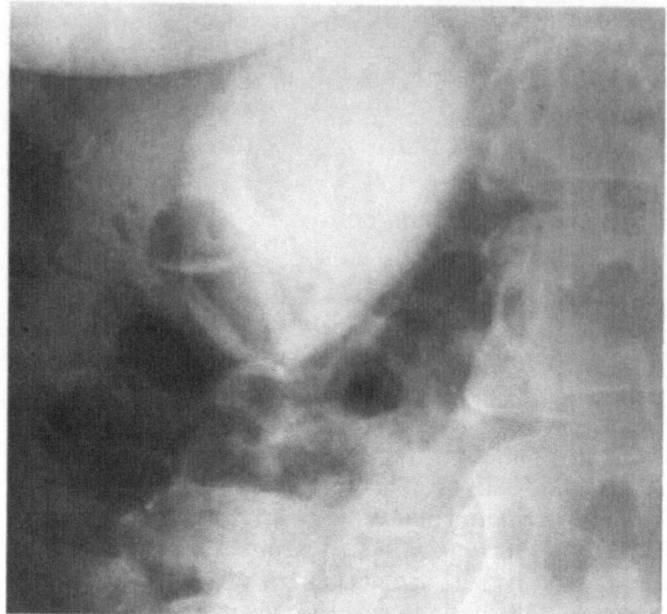

Abb. 1. H. J., 48 Jahre. Orale Füllung; störende Darmgasüberlagerung, Gallenwege nicht erfaßt

Qualitätsmerkmale und Komplikationen

Qualitätsmerkmale einer guten Kontrastuntersuchung

- Übersichtsaufnahme ohne Kontrastmittel:
  - Gallenregion voll erfaßt,
  - Leber flau abgrenzbar,
  - Evtl. Luftfüllung der Gallenwege gut erkennbar.

- Übersichtsaufnahmen nach Kontrastmittelfüllung (s. Abb. 1–3):
  - Gallenblase und Gallenwege sichtbar,
  - Konturen gut abgrenzbar,
  - homogene Füllung,
  - Gallenwege voll erfaßt (Hepatikusgabel gut abgrenzbar, der Ductus choledochus mit Papillenregion dargestellt),
- Abfluß des Kontrastmittels ins Duodenum zu erkennen,
- keine Überlagerung von Gallenblase und/oder Gallenwegen durch Luft oder Kontrastmittel,
- keine (störende) heterotope Ausscheidung über die Nieren,
- Ausreichende Kontraktion.

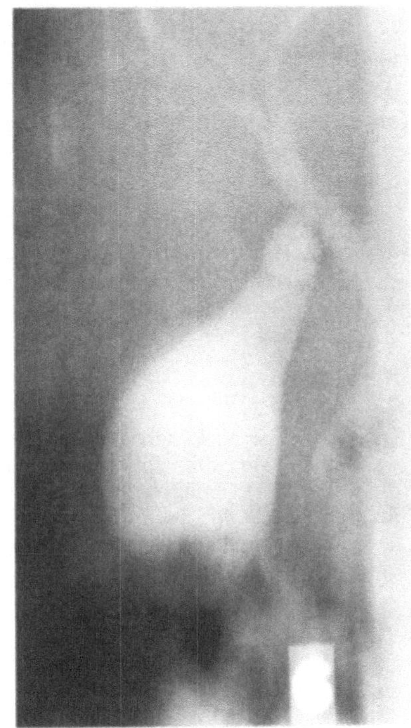

Abb. 2. M. N., 54 Jahre. Intravenöse Füllung, Schichtaufnahme; Gallengang vom Filmrand abgeschnitten, z. T. auf Wirbelsäule projiziert (Drehung), Gallenblase z. T. überlagert. Duodenum nicht erfaßt

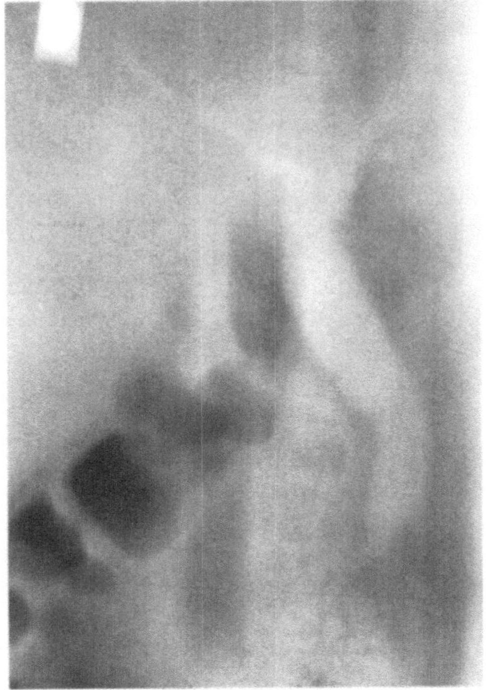

Abb. 3. H. P., 38 Jahre, Z. n. Cholezystektomie. Intravenöse Füllung, Schichtuntersuchung; gute Darstellung des Gallengangsystems bis zur Papille, Hepatikusgabel und Duodenum erfaßt

Die Treffsicherheit der oralen Cholegraphie beträgt 85–90%, die der i.v.-Cholegraphie 90–95%.

Komplikationen der oralen Cholegraphie sind:
- Erbrechen
- Durchfall
- Blockierung der Jodaufnahme der Schilddrüse für ca. 8 Wochen.

Bei der i.v.-Cholegraphie beträgt die *Nebenwirkungsrate* 5% und die *Mortalitätsrate* 0,00035%.

Literatur

Fritz H, Köhler V, Platzbecker H (1990) Medizinische Grundlagen und Methoden der Röntgendiagnostik. Volk und Gesundheit, Berlin

Nöldge G (1987) Cholesterinsteine der Gallenblase. Freiburg

Platzbecker H, Kunz B, Barke R, Geißler S, Köhler V (1988) TGL „Röntgenologische Untersuchung der Gallenblase und Gallenwege" der damaligen GMR der DDR. Berlin

Stender H-ST, Stieve FE (1986) Praxis der Qualitätskontrolle in der Röntgendiagnostik. Gustav Fischer, Stuttgart

Vogel H (1986) Risiken der Röntgendiagnostik. Urban & Schwarzenberg, München

Radiologische Qualitätssicherung bei der endoskopisch retrograden Cholangiopankreatographie (ERCP)

G. POTT

Einleitung

Die endoskopisch retrograde Cholangiopankreatographie (ERCP) ist eine invasive, kombiniert radiologische und endoskopische Untersuchungsmethode, die wesentlich zur Klärung der Krankheiten dieser Organsysteme beiträgt (Tabelle 1).

Aus der Differentialdiagnose, z. B. des intra- und posthepatischen Ikterus, ist diese Methode nicht mehr hinwegzudenken. In gleicher Sitzung ist es häufig möglich, die Obstruktion operativ-endoskopisch zu beseitigen. Auch die Klärung der Differentialdiagnose „Pankreastumor" gelingt am treffsichersten durch diese Untersuchungsmethode.

Die ERCP ist ein invasives Verfahren, das erst am Ende eines Untersuchungsgangs zur Klärung von Krankheiten der Gallenwege und des Pankreasgangs steht. Komplikationen entstehen vornehmlich durch die zu starke Füllung des Pankreasgangs mit Kontrastmittel. Dies führt zur Parenchymographie, damit zum Einriß der Acini und zum Übertritt von Kontrastmittel (KM) und Pankreassekret in das Blut. Es entsteht eine klassische Autodigestion des Pankreas.

Die Tabelle 2 zeigt typische weitere Komplikationen. Kombiniert man mit chirurgisch-endoskopischen Verfahren wie Sphinkterotomie, Lithotrypsie, Konkrementextraktion, Bougierung, Drainagen, Lysen, so steigt die letale Komplikationsrate auch für erfahrene Untersucher auf 1 % an. Einzelheiten der Durchführungstechnik (soweit sie nicht das Thema betreffen), der Anwendung und Ausbeute bei speziellen Krankheiten sind in Standardübersichten zu

---

Tabelle 1. Indikationen zur ERCP

- Differentialdiagnose des Ikterus
- Choledocholithiasis
- Stenosen durch Tumoren, Mißbildungen
- Differentialdiagnose der autoimmunen Cholangitis
- Pankreastumor
- Chronische Pankreatitis/Pankreatikolithiasis
- Akute, vermutlich biliäre Pankreatitis
- Papillenstenose/-tumor

Tabelle 2. Komplikationen der ERCP und
der Sphinkterotomie

– Akute Pankreatitis
– Cholangitis
– Blutung

---

finden (Demling et al. 1979; Manegold 1983; Classen 1984; Cotton u. Williams
1985; Pott u. Schrameyer 1989; Ottenjann u. Classen 1990).

Speziell dargestellt werden im folgenden die Bedingungen der radiologischen Qualitätssicherung.

Röntgentechnik

Die folgenden, in Tabelle 3 aufgestellten Bedingungen an ein Röntgengerät
sind wesentlich für die Durchführung der ERCP und die Vermeidung von
Komplikationen. Grundsätzlich sind es die gleichen Anforderungen, die an
eine Bildverstärkerfernsehkette mit einer Hochleistungsdoppelfokusrühre zur
Durchführung einer Magendarmpassage oder eines Kolonkontrasteinlaufs gestellt werden. Zusätzlich ist auch eine Höhenverstellung des Röntgengeräts
erforderlich, um bei den längeren Untersuchungszeiten in Kombination mit
operativer Endoskopie der Gallenwege und des Pankreasgangs die verkrampfte gebeugte Körperhaltung der Untersucher und des Assistenzpersonals zu verringern.

Die anfangs praktizierte Durchleuchtung mit einem C-Bogen ist nicht zu
empfehlen, da die gefährliche und zu Hauptkomplikationen führende Überspritzung des Pankreas, die Parenchymographie, nicht frühzeitig genug erkannt
wird. Der C-Bogen gestattet darüber hinaus keinen ausreichenden Formatwechsel von großen Übersichten zu Detailaufnahmen. Auch aus Strahlenschutzgründen bestehen Bedenken, da diese Strahlenbelastung aufgrund der
Anordnung der Röntgenröhre generell höher ist, und ein strahlenärmeres
Verfahren in Form einer Bildverstärkerfernsehkette existiert.

Tabelle 3. Bedingungen des Röntgengeräts
für die ERCP

– Hochleistungsdoppelfokusröhre
– Bildverstärkerfernsehkette
– Tisch, großzügig seiten- (und höhen-) verschiebbar
– Möglichkeit zur Einstellung einer Kopftieflage
– Formatumschaltung

Qualitätssicherung durch Kontrastmittel

Applikationsform

Es werden wasserlösliche Kontrastmittel wie z. B. Ioxaglinsäure, Ioglicinsäure, Iopromid und Diatrizoat verwandt. Sie unterscheiden sich vornehmlich durch Osmolalität und das Charakteristikum ionisch/nichtionisch.

Die Erfahrung mit diesen Kontrastmitteln hinsichtlich der Qualität der Abbildung, z. B. von Gallengangskonkrementen oder den Zeichen einer chronischen Pankreatitis, ist nach publizierten Vergleichen (Rambow et al. 1988) gleich. Es fiel auf, daß nach Darstellungen mit Ioxaglinsäure signifikante Erhöhungen von γ-GT und Lipase-Aktivitäten im Serum (auf etwa das 3- bis 5fache) zu beobachten waren, jedoch klinisch keine Beschwerden bei dem Patienten signifikant vermehrt waren.

Dieses Kontrastmittel hat – gegenüber den beiden anderen genannten – eine erhöhte Viskosität. Das doppelt so teure nichtionische Kontrastmittel Iopromid zeigte keine Vorteile.

Eine weitere Untersuchung dazu wurde von Osnes et al. 1977 publiziert; bei der Verwendung eines nichtionischen niedrig-viskösen Kontrastmittels wurden wesentlich weniger Enzymveränderungen beobachtet. Diese aus der Anfangszeit der ERCP stammende Untersuchung hatte noch zum Ziel, die Bedingungen einer Parenchymographie zu klären, die wegen ihrer Gefährlichkeit allgemein verlassen wurde. Deshalb ist diese Untersuchung für unsere Fragestellung nicht mehr repräsentativ.

In einer späteren Untersuchung (Reimer-Jensen et al. 1985) fanden sich in einer retrograden Pankreatographie mit Darstellung der Seitenäste erster Ordnung ohne Parenchymographie keine Unterschiede zwischen einem ionischen und einem nichtionischen Kontrastmittel, was die Aktivitätsanstiege von Pankreasenzymen im Serum anschließend betrifft.

Schließlich verglichen Cunliffe et al. (1987) in einer Doppelblindstudie Ioxaglinsäure und Diatrizoate. In der radiologischen Qualität fanden sie keine Unterschiede; für Ioxaglinsäure fanden sie eine geringere Rate an akuter Pan-

Tabelle 4. Eigenschaften verschiedener Kontrastmittel

Eigenschaft	Ioxaglinsäure (Hexabrix)	Ioglicinsäure (Rayvist)	Iopromid (Ultravist)
Jodgehalt [mg/ml]	320	300	300
Osmolalität[a] [mOsm/kg H_2O]	600	1790	610
Viskosität[a] [mPa · s]	7,5	6,0	4,6
Viskosität[b] [mPa · s]	15,7	11,5	8,7
Ionisch/Nichtionisch	Ionisch	Ionisch	Nichtionisch

[a] Bei 37 °C.;   [b] Bei 20 °C.

kreatitis und Hyperamylasämie. Bei kritischer Betrachtung dieser Untersuchung muß man jedoch folgendes einwenden: Es handelte sich insgesamt um knapp 100 Patienten beider Untersuchungsgruppen mit unterschiedlichsten Diagnosen, so daß eine Normalverteilung für die statistische Auswertung und eine genügende Kollektivbildung nicht gegeben war.

Darüber hinaus war nicht bekannt, welche der Gangsysteme gefüllt wurden bzw. gefüllt werden sollten, was entscheidend für die Frage möglicher Komplikationen, z. B. durch akute Pankreatitis ist. Auch war unklar, weshalb bei 10 % der Patienten Gangsysteme nicht gefüllt werden konnten.

Applikationsart

Es handelt sich um eine direkte Cholangio- und Pankreatographie. Ein Seitblickduodenoskop wird vor die Papilla Vateri – entsprechend Abb. 1 – geschoben. Mit einem Teflonkatheter via Instrumentierkanal wird Kontrastmittel instilliert. Abbildung 2 zeigt die entsprechenden Richtungen zur Füllung des Ductus Wirsungianus und des Ductus choledochus. Das Endoskop sollte sich nach Möglichkeit in gestreckter Position (kurzer Weg) und nur in Ausnahmefällen, z. B. Papillentumor oder inkarzeriertes Konkrement, in „hängender Position" befinden. Die Arbeitsmöglichkeiten in gestreckter Position und die radiologische Übersicht sind wesentlich günstiger.

Die Instillation von Kontrastmittel *darf nur* unter Röntgensicht erfolgen. Es besteht als erste Komplikationsmöglichkeit die Instillation von Kontrastmittel in das umgebende Parenchym, was zu einem Paravasat führt (Abb. 3). Bei zwei Drittel der Patienten wird nach Intubation der Papilla Vateri zunächst der Ductus Wirsungianus gefüllt. Dies ist aus den anatomischen Bedingungen gut erklärbar. Um den Ductus choledochus zu erreichen, muß man den Füllungskatheter steiler nach kranial einstellen, dabei ist ein möglichst geringer Abstand der Endoskopspitze zur Papilla Vateri von Vorteil. Gelingt die Füllung wegen eines Spasmus der Sphinktermuskulatur nicht, kann man mit 2 – 3 Hüben Nitro-Spray in die Mundhöhe (in Richtung des Endoskops) häufig eine Füllung erreichen. Auch die i.v.-Applikation von Spasmolytika ist hilfreich, jedoch zeitaufwendiger. Es ist immer anzustreben, die ableitenden Gallenwege selektiv zu füllen, um eine Überspritzung des Pankreasparenchyms zu vermeiden.

Ist man sich bezüglich dieser Frage nicht sicher, sollte zwischendurch eine Zielaufnahme des Ductus Wirsungianus angefertigt werden und bis zur sofortigen Entwicklung kein weiteres Kontrastmittel instilliert werden.

Die Anspritzung des Pankreasparenchyms und der Übertritt von Kontrastmittel in das Blut, erkennbar an einer Füllung der Nierenbecken mit Kontrastmittel, muß auf jeden Fall vermieden werden (Abb. 4).

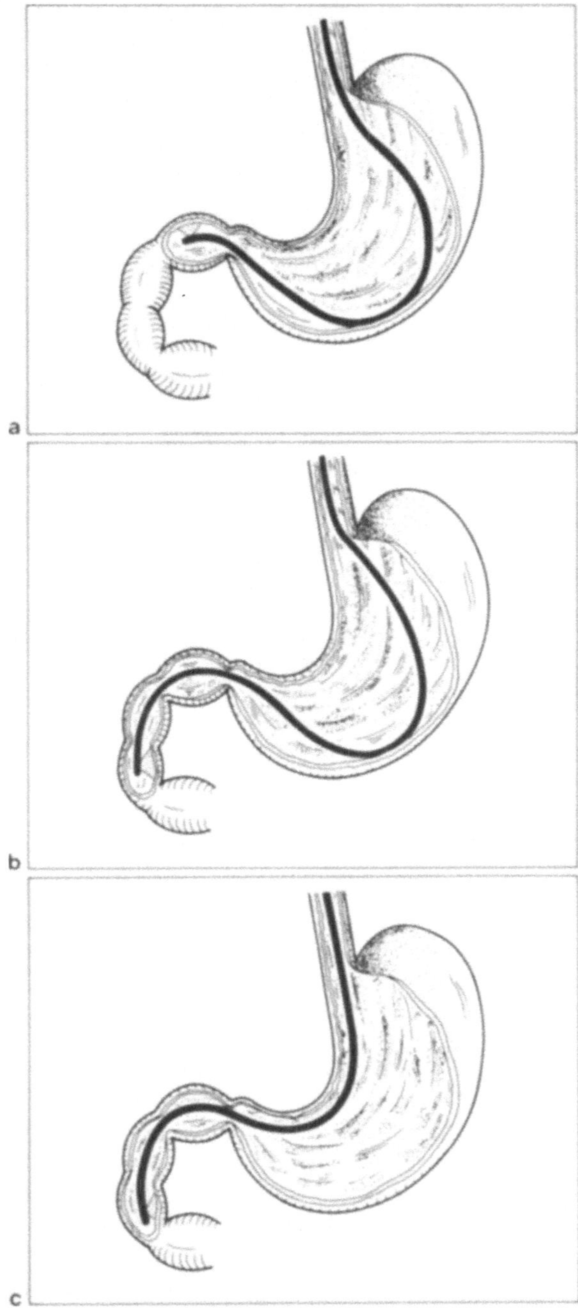

Abb. 1a–c. Aufsuchen der Papilla Vateri. **a** In Seitenlage der Pylorus, **b** in Bauchlage; Drehung des Duodenoskops, bis eine S-Form erreicht ist; **c** Zurückziehen des Duodenoskops (Nach Pott/Schrameyer, ERCP Atlas, 2. Aufl. Schattauer-Verlag, 1992)

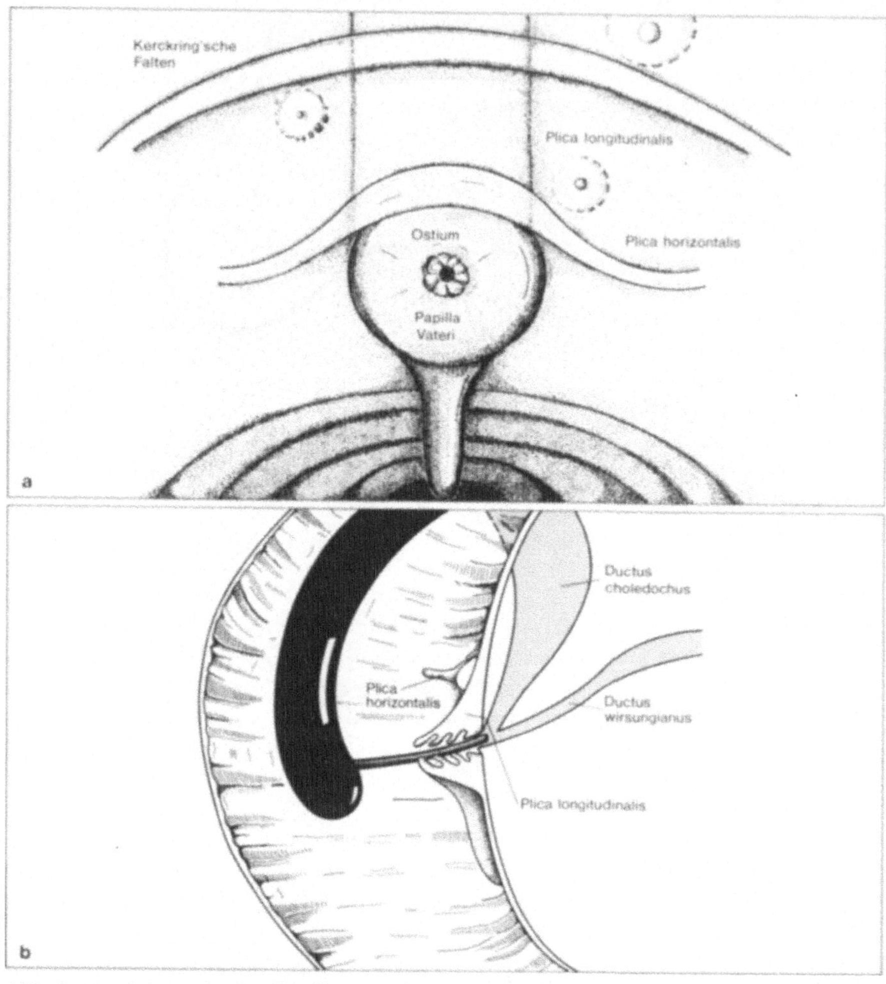

Abb. 2a, b. Anatomie der Papilla Vateri. **a** *NP* Häufige Lokalisation von Nebenpapillen (Nach Pott/Schrameyer, ERCP Atlas, 2. Aufl. Schattauer-Verlag, 1992)

Dosis und Injektionsgeschwindigkeit

Es können keine festen Angaben gemacht werden, da die Volumina der Gallengänge und des Ductus Wirsungianus individuell unterschiedlich sind und mit dem Alter zunehmen.

Um kleine Konkremente in den Gangsystemen nicht zu übersehen, sollten erste Zielaufnahmen zu Beginn der Füllung angefertigt werden. Im Zweifel muß das Kontrastmittel verdünnt werden, wir verwenden z. B. 60%iges Urografin, ggf. wird mit physiologischer Kochsalzlösung auf 30% verdünnt. Pumpen mit feststellbarer Injektionsgeschwindigkeit haben sich nicht bewährt, da

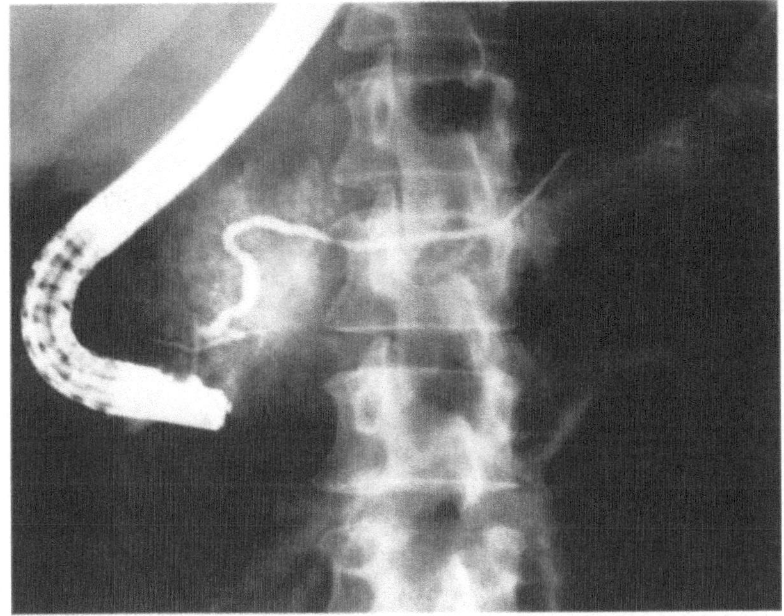

Abb. 3. Paravasat im Pankreaskopf

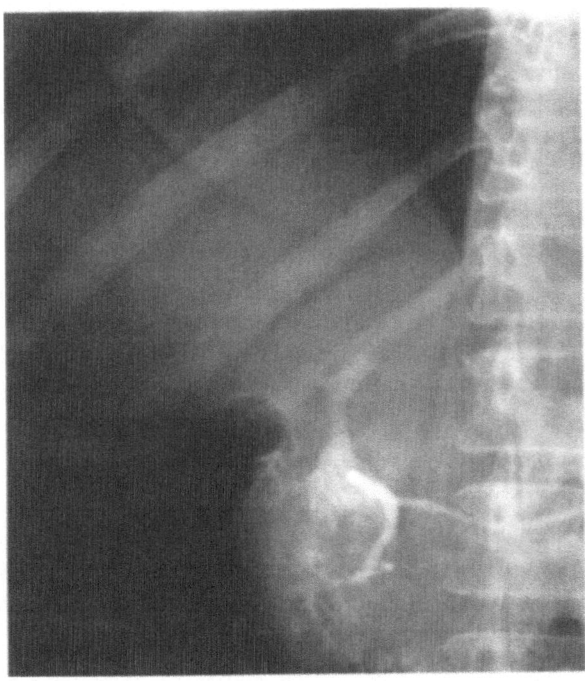

Abb. 4. Parenchymographie, „Urogramm"

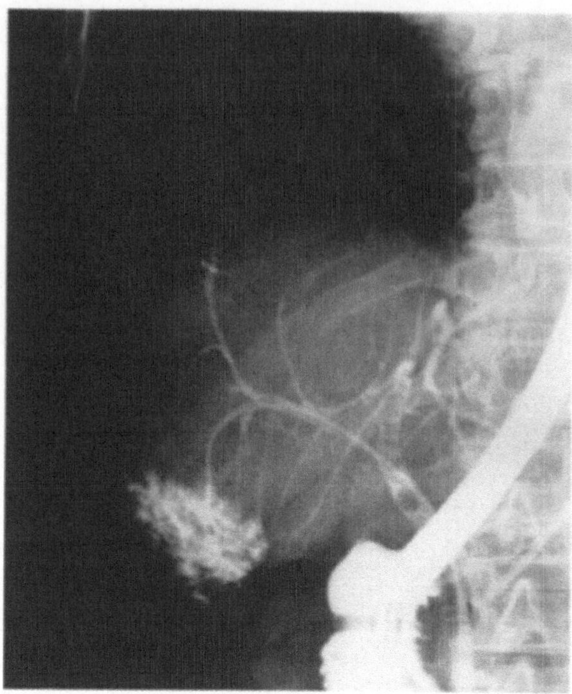

Abb. 5. Parenchymographie
der Leber

man mit diesen Systemen im Falle einer Komplikation langsamer reagieren
kann. Die Injektionsgeschwindigkeit sollte so gewählt werden, daß der Untersucher die Füllung der Gangsysteme verfolgen kann, frühzeitig die Füllung,
z. B. von Pankreaszysten erkennt und möglichst vermeidet und nicht mehr als
die Seitenäste erster Ordnung des Ductus Wirsungianus füllt. Bei so regelrecht
durchgeführter Wirsungianographie kommt es bei 20–70% der Patienten zu
folgenlosen Anstiegen von Amylase und Lipase im Serum und Amylase im
Urin. Dieser Vorgang wird als Hyperamylasämie bezeichnet und gilt nicht als
Zeichen einer akuten Pankreatitis. Aus bisher unklaren Gründen findet gelegentlich eine Parenchymfüllung in der Leber statt. Wir haben bei zwei Patienten mit Peliosis hepatis solche Phänomene beobachtet (Abb. 5), klinisch und
laborchemisch hatten wir keine Zeichen für eine Komplikation nach der
ERCP.

Aufnahmezeiten

Die Aufnahmen werden im Verlauf der ERCP nach den individuellen Bedürf-
nissen durchgeführt. Wichtig und zu wenig beachtet sind z. B. Aufnahmen
nach Entfernung des Endoskops in Rückenlage, weil in der Bauchlage bei
dünnen Patienten gelegentlich der Ductus Wirsungianus im Korpus durch die

Wirbelsäule komprimiert wird und fälschlich eine Stenose zeigt. Auch können Papillenspasmen anhand von Funktionsstudien besser erkannt werden.

Bei ablaufendem Kontrastmittel aus dem Gallengang sind Konkremente besser erkennbar. Gelegentlich füllt sich die Gallenblase zu schnell, um Konkremente z. B. gegenüber Gallenblasenadenomen zu differenzieren. Der günstigste Zeitpunkt für eine Nachdurchleuchtung liegt etwa 3–6 h nach der Untersuchung.

Aufnahmen in Kopftieflage bei Aerobilie gestatten eine Differenzierung von Gallengangskonkrementen gegenüber Luft.

Standardempfehlung und Abweichungen

Nach Möglichkeit sollen sowohl Ductus Wirsungianus als auch ableitende Gallenwege gefüllt werden. Zunächst wird eine Übersichtsaufnahme des Ductus Wirsungianus im Format 18 × 24 angefertigt. Die Seitenäste erster Ordnung und die Verzweigung des Schwanzes sollen zu sehen sein. Zielaufnahmen sind nur notwendig bei pathologischen Veränderungen. Nach Möglichkeit sollte bei Verdacht auf pathologische Veränderungen eine Übersichtsaufnahme des Pankreas zur weiteren Klärung und zu Zielaufnahmen während der Untersuchung entwickelt werden. Besteht keine Indikation zur Füllung der ableitenden Gallenwege und wird ein Befund am Ductus Wirsungianus erhoben, der nicht auf eine Mitbeteiligung oder Ursache einer Krankheit der ableitenden Gallenwege schließen läßt, ist die Füllung der ableitenden Gallenwege nur relativ indiziert. Es ist nicht zu vertreten, auf Kosten einer Schädigung des Pankreas in jedem Fall, auch z. B. bei einer schwer zu intubierenden Papille in Richtung auf den Ductus choledochus, eine Darstellung dieses Gangsystems zu erzwingen.

Die Fähigkeit des Untersuchers, bei gezielter und notwendiger Fragestellung den Ductus choledochus zu füllen, sollte 90 % nicht unterschreiten. Geübte Untersucher können fast jeden Ductus choledochus, ohne das Pankreas in Mitleidenschaft zu ziehen, füllen.

Läßt sich der Ductus choledochus nicht füllen und liegt eine Obstruktion der ableitenden Gallenwege vor, so ist es gerechtfertigt und notwendig, durch einen endoskopischen Vorschnitt den Zugang zu den ableitenden Gallenwegen zu erzwingen. Dies ist z. B. für Patienten mit Cholangiosepsis bei Papillentumoren und inkarzerierten Konkrementen mit zusätzlicher Ausbildung einer akuten Pankreatitis lebensentscheidend.

Wir gehen so vor, daß wir eine Aufnahme 18 × 24 cm, quer geteilt zur Dokumentation der Anfangsfüllung des Ductus choledochus benutzen. Dann folgt eine 24 × 30 cm Übersichtsaufnahme, die alle Anteile des Gallengangsystems bis zur Papilla Vateri darstellen soll. Es folgen parallel Zielaufnahmen der sich füllenden Gallenblase. Konkremente, Stenosen und anatomische Anomalien werden durch Zielaufnahmen dokumentiert.

Bei einem Papillenspasmus können in Vergrößerung auf einer viergeteilten
18 × 24 cm Aufnahme Papillenspiel und Beeinflussung durch Pharmaka dokumentiert werden.

Grundsätzlich gilt, daß jede Füllung und Manipulation – insbesondere im
Rahmen der operativen Endoskopie – in den ableitenden Gallenwegen und im
Ductus Wirsungianus nicht ohne Röntgenübersicht durchgeführt werden darf.

Qualitätsmerkmale einer ERCP

Bildmerkmale Ductus Wirsungianus

Übersichtsaufnahme von der Papilla Vateri bis zur Aufzweigung im Pankreas-
schwanz. Darstellung der Seitenäste erster Ordnung. Unbedingt Vermeidung
einer Parenchymographie. Vermeidung der Anfüllung von Pankreaszysten.
Bei Pankreaskalk zuvor Leeraufnahme.

Bei der Darstellung von Stenosen ist auf die Darstellung von Seitenästen
zu achten, da dies ein wichtiges Kriterium zwischen fokaler Pankreatitis und
Pankreastumor ist.

Bildmerkmale ableitende Gallenwege

Auf einer Übersichtsaufnahme Darstellung der gesamten ableitenden Gallenwege. Zu Beginn der Füllung Zielaufnahmen des distalen Ductus choledochus,
um auch kleinere, obstruierende Konkremente, die mit dem Kontrastmittel-
strom vorgespült werden, zu dokumentieren. Dokumentation von Stenosen,
Achtung auf Wandbegrenzung, um die Differentialdiagnose Tumor gegenüber
extraluminaler Kompression zu führen. Bei Verdacht auf autoimmune Cholangitis (chronisch nicht eitrige, destruierende Cholangitis, primär sklerosie-
rende Cholangitis) Zielaufnahmen der intrahepatischen Gallenwege. Darstellung der Anfangsfüllung der Gallenblase, ggf. Ablaufaufnahmen nach 3–6 h.
Konkremente ab 2 mm Größe müssen erkennbar sein.

Kritische Strukturen

Frühzeitige Erkennung eines Paravasats. Anhand von Zielaufnahmen Ab-
schätzung der Weite des distalen Ductus choledochus nach Papillotomie. Zielaufnahmen zur Entscheidung, ob die vorhandenen Konkremente entsprechend ihrem Durchmesser extrahiert werden können. Jederzeit muß die
Durchleuchtung Auskunft über die Lage eingeführter endoskopischer Instrumente (Papillotomie, Dormiakörbchen, Leitsonden zur Pigtailimplantation
etc.) gewährleisten.

Zusammenfassung

Die diagnostische ERCP ist eine mit Risiken behaftete invasive Untersuchungsmethode der ableitenden Gallenwege und des Ductus Wirsungianus, die zur Klärung der Krankheiten dieser Organsysteme erst angewandt werden soll, wenn nicht invasive Untersuchungsmethoden nicht zu einer Klärung geführt haben.

Der Beitrag der ERCP zur Klärung ist wesentlich und wird heute als Referenzverfahren zur Frage der Spezifität und Sensitivität anderer Untersuchungsmethoden angesehen.

Der radiologische Teil dieser Untersuchungsmethode ist wesentlich. Zur Durchführung ist eine Bildverstärkerfernsehkette notwendig. Eine Untersuchung mit einem C-Bogen ist – von Notfallsituationen abgesehen – nicht ausreichend. Zur Auswahl von Kontrastmitteln können noch keine klaren Aussagen gemacht werden. Die bisher vorgelegten Untersuchungen zeigen keine eindeutigen Vorteile von niedrig-osmolalen oder nicht ionischen Kontrastmitteln, da die vorgelegten Untersuchungsserien zu gering sind. In den bisher publizierten Mitteilungen konnten keine gravierenden Unterschiede festgestellt werden, auch was die Komplikationsrate angeht.

Die Komplikation der diagnostischen ERCP besteht vornehmlich in der Erzeugung einer akuten Pankreatitis, was weniger von der Art des Kontrastmittels sondern von der Tatsache abhängt, daß mit zu hohem Druck zuviel Kontrastmittel in das Pankreas instilliert wird und es zu einer Parenchymographie kommt.

Literatur

Classen M, Geenen MJ, Kawai K (1984) Nonsurgical biliary drainage. Springer, Berlin Heidelberg New York Toyko

Cotton PD, Williams CB (1985) Lehrbuch der praktischen gastrointestinalen Endoskopie. Perimed, Erlangen

Cunliffe WJ, Cobden I, Lavelle MJ, Lendrum R, Tait NP, Venables CW (1987) A randomised, prospective study comparing two contrast media in ERCP. Endoscopy 19:201–202

Demling L, Koch H, Rösch W (Hrsg) (1979) Endoskopisch retrograde Cholangio-Pankreatikographie-ERCP. Schattauer, Stuttgart New York

Manegold BC (Hrsg) (1983) Prinzipien der präoperativen Endoskopie. Edition Medizin, Weinheim Deerfield Beach Florida Basel

Ottenjann R, Classen M (Hrsg) (1990) Gastroenterologische Endoskopie, 2. Aufl. Enke, Stuttgart

Pott G, Schrameyer B (1991) ERCP Atlas, 2. Aufl. Schattauer, Stuttgart New York

Rambow A, Staritz M, Manns M, Hütteroth T, Meyer zum Büschenfelde KH (1988) ERCP: Welches Kontrastmittel ist geeignet? Z Gastroenterol 26:279–282

Reimer-Jensen A, Malchow-Møller A, Matzen P, Larsen JE, Møller F, Rikardt-Andersen J, Magid E (1985) A randomised trial of Iohexol versus amidotrizoate in endoscopic retrograde pancreatography. Scand J Gastroenterol 20:83–86

Zur intravasalen Applikation von Kontrastmitteln in der computertomographischen Diagnostik

G. W. Bargon und A. Goldmann

Die intravasale Verabfolgung von Kontrastmitteln (KM) führt in der konventionellen Radiologie im wesentlichen zur Darstellung von Gefäßbinnenräumen im Bereich der Makrovaskularisation. Die Abbildung parenchymatöser Organe über eine Verteilung des Kontrastmittels in Endstrombahn und interstitiellem Raum ist dagegen nur eingeschränkt möglich. Tumoren entsprechender Organstrukturen werden auf der konventionellen Aufnahme überwiegend aufgrund ihrer mehr oder minder ausgeprägten pathologischen Vaskularisation dargestellt, wobei wenig vaskularisierte Tumoren sich lediglich als meist nur schwach erkennbare Kontrastmittelaussparungen des Parenchymogrammes demarkieren. Auch moderne Film-Foliensysteme sind nicht in der Lage, die zugrundeliegenden Dichteunterschiede in adäquate Kontraste zu überführen.

Im Gegensatz dazu ist es mit Hilfe der Computertomographie (CT) prinzipbedingt möglich, durch hochauflösende Detektoren auch relativ geringe physikalische Schwächungsunterschiede in Bildkontraste zu separieren. Allerdings weisen die hier zum Einsatz kommenden Detektorsysteme gegenüber der konventionellen Radiographie eine geringe Ortsauflösung auf. Diesem Nachteil steht als weiterer Vorteil der Computertomographie gegenüber, daß sie als Schnittbildverfahren die innerhalb einer Schichtebene gelegenen Organe überlagerungsfrei abbildet. Die physikalischen Dichtedifferenzen zwischen den einzelnen parenchymatösen Organen sowie zwischen diesen und den von ihnen abzugrenzenden pathologischen Prozessen sind i. allg. auch unter computertomographischen Aspekten gering, ein Nachteil, der sich durch die Verwendung von Röntgenkontrastmitteln (RKM) teilweise ausgleichen läßt. Dies gilt insbesondere für die intravasal zu applizierenden Substanzen, welche aufgrund ihrer physikalisch deutlich höheren Dichte in geringer Konzentration zu einer adäquaten Kontrastanhebung führen. Mit der Anhebung des Bildkontrasts ist gleichzeitig eine Verbesserung der räumlichen Auflösung verbunden. So wird z. B. bei einem relativen Anstieg der Objektdichte einer Struktur gegenüber ihrer Umgebung von 0,5 HU auf 5 HU die Detailerkennbarkeit von 18 mm auf 1,8 mm verbessert (Hübener 1981). Entsprechende Beispiele sind jedoch immer auf ein definiertes Signal-Rausch-Verhältnis zu beziehen. Die räumliche Auflösung kann durch weitere Steigerung der Kontrastanhebung nicht beliebig verbessert werden, da sie nicht zuletzt von Pixelgröße und Rekonstruktionsalgorithmus abhängig ist.

Zwei Größen bestimmen also letztlich die Dichteauflösung: 1. Die Dichtedifferenz in Hounsfield-Einheiten bei gegebenem Signal-Rausch-Verhältnis und 2. die physikalisch vorgegebene Auflösungsgrenze des bilderzeugenden Systems. Nur der erstgenannte Faktor läßt sich durch die Applikation von Kontrastmittel beeinflussen. Während per os applizierte Kontrastmittel i. allg. lediglich dazu dienen, den Gastrointestinaltrakt als solchen abgrenzbar zu machen, verbessern die intravasal injizierten Substanzen die organbezogene diagnostische Treffsicherheit.

Intravasale Kontrastmittelapplikation

In der Regel werden zur Computertomographie nierengängige Kontrastmittel intravenös appliziert. Bei speziellen Fragestellungen kann auch eine intraarterielle Gabe in Form einer Bolusinjektion über selektiv plazierte Katheter die diagnostische Treffsicherheit erhöhen. Diese Untersuchungsmodalität findet vorwiegend Einsatz bei der Abklärung von metastatischen Prozessen der Leber, z. B. im Zuge der Therapieplanung einer regionären Chemotherapie.

Zur Anwendung kommen im wesentlichen zwei Substanzgruppen, die der ionischen und die der nichtionischen Kontrastmittel. Wir verwenden in der Mehrzahl der computertomographischen Untersuchungen ein ionisches Kontrastmittel in einer Konzentration von 180 mg Jod/ml (Telebrix 45, Byk Gulden; Rayvist 180, Schering). Nichtionische Kontrastmittel finden bei uns bei den Patienten Anwendung, die auf die Applikation ionischer Kontrastmittel eine anaphylaktoide Reaktion zeigten. Auch Patienten, bei denen die mit der Kontrastmittelgabe verbundene Volumenbelastung in engeren Grenzen zu halten ist (z. B. Herzinsuffizienz, Hypertonie) erhalten nichtionische Substanzen und zwar in einer Konzentration von 200 bzw. 370 mg Jod/ml (z. B. Solutrast, Byk Gulden, Ultravist, Schering). Weitere Indikationen für den Einsatz nichtionischer Substanzen sind ein erhöhter Serumkreatininwert, Thromboseneigung, Verdacht auf Pankreatitis, zerebrale Krampfleiden oder Lebensalter über 70 Jahre. Bei Patienten mit Niereninsuffizienz, schwerem Diabetes mellitus, kompensierter und labiler Hyperthyreose ist die Kontrastmittelapplikation nur bei vitaler Indikationsstellung indiziert. Voraussetzung ist hier in jedem Fall eine entsprechende Vor- und Nachbehandlung entsprechend der Grundkrankheit.

Art der Kontrastmittelapplikation

In der Literatur werden verschiedene Injektions- bzw. Infusionstechniken beschrieben. Diese unterscheiden sich im wesentlichen durch die pro Zeiteinheit applizierte Jodmenge sowie durch die Infusionsdauer.

Beispiele für die Applikationsform der Bolusinjektion wurde von Hacker u. Becker (1977) und Lackner et al. (1979) vorgestellt. Ziel dieser Technik ist es, durch eine hochdosierte Anflutung des Kontrastmittels Herzbinnenräume und Gefäße auf hohe Dichtewerte anzuheben und in schneller Schichtfolge die Perfusion der Zielorgane darzustellen. Verteilungsprozesse und Elimination können hier zu deutlichen Dichteschwankungen über die Untersuchungszeit führen. Claussen u. Lochner (1983) empfehlen eine definierte Bolustechnik. Dabei wird das Kontrastmittel (300 mg Jod/ml) bei einer Gesamtmenge von 1 ml/kg Körpergewicht mit einer Rate von 8 ml/s injiziert.

Bei einer längeren Untersuchungsdauer empfiehlt Wegener (1981) die protrahierte Infusion von Kontrastmittel, um eine adäquate Kontrastanhebung der zu untersuchenden Organe über einen größeren Zeitraum aufrechtzuerhalten. Bei einer protrahierten Infusion von z. B. 4 g Jod/min (entsprechend z. B. 25 ml Ioxitalamat 180) steigt das intravasale Enhancement nur langsam an und erreicht erst nach etwa 10 min Werte um 70 HU. Soll eine entsprechende Kontrastverstärkung jedoch über einen längeren Zeitraum etwa konstant gehalten werden, so muß über die gesamte Untersuchungsdauer eine Erhaltungsdosis verabfolgt werden. Durch diese Maßnahme kann sich aber je nach untersuchter Region die erforderliche Gesamtdosis des Kontrastmittels beträchtlich erhöhen.

Beide Techniken (Bolus- und kontinuierliche Infusion) können kombiniert werden. In entsprechenden Fällen wird das Kontrastmittel initial in einer Dosis von z. B. 28 g Jod über einen Zeitraum von 1–2 min infundiert. Anschließend erfolgt die Reduktion der Infusionsrate auf eine Erhaltungsdosis von ca. 2 g Jod/min. Mit dieser Technik wird ein kräftiges Enhancement parenchymatöser Organe wie Leber, Pankreas und Milz über die gesamte Untersuchungsdauer erreicht, wobei diese bis zum möglichen Erreichen des Kontrastmittellimits die zu applizierende Gesamtmenge der Substanz bestimmt. Die genannte Technik eignet sich zur adäquaten Kontrastierung aller Regionen des Körperstamms. Die hier angeführten Beispiele verdeutlichen die große Spannbreite möglicher Applikationsmodelle. Allgemein sind jedoch die von verschiedensten Autoren angegebenen Kontrastmittelmengen sowie Injektionsraten zu relativieren, da hier nicht zuletzt eine hohe Abhängigkeit von der möglichen Bildfrequenz des jeweils eingesetzten Computertomographen gegeben ist. Dies gilt insbesondere für Zahlenmaterial aus der frühen Ära der Computertomographie.

Um die Kontrastmittelapplikation angepaßt an den Scanner, die zu untersuchende Region und die Fragestellung zu standardisieren, wurde in unserer Abteilung in Zusammenarbeit mit der Fa. Ulrich Medizin-Technik, Ulm, ein programmgesteuerter Injektor entwickelt, der es erlaubt, verschiedene Vorlaufmengen von Kontrastmittel sowie unterschiedliche Erhaltungsdosen anzuwählen (Maier 1991 a, b). Im folgenden werden Dosierungsbeispiele für verschiedene computertomographische Untersuchungen angegeben.

Inkrementales Kontrastmittel-CT (Scanzeit 2 s, 6 Schichten/min)

Mit dem in Tabelle 1 angeführten Schema gelingt es über die gesamte Untersuchungszeit in allen angewählten Schichtebenen die Kontrastanhebung der ein-

zelnen Gewebestrukturen auf einem etwa konstanten Niveau zu halten
(Abb. 1). Dabei erfordern Unterschiede im Körpergewicht erwachsener Pa-
tienten mit Ausnahme von Extremwerten keine besondere Adaptation von
Kontrastmitteldosis oder Infusionsrate.

Dynamisches CT

Die aufgrund der jeweils verfügbaren Voruntersuchung ausgewählte Schichtebene wird mit Hilfe einer schnellen Schichtsequenz und ggf. nachfolgenden
sog. Spätschichten untersucht. Dabei kann die Kontrastmittelverteilung in
Einzelphasen aufgelöst werden, u. U. kann eine Organperfusion quasi im „first
pass" erfaßt werden. Differenzen bei der Einstellung des Kontrastmittelequili-
briums zwischen normalem und pathologischem Gewebe werden kontrast-

Tabelle 1. Dosierungsbeispiele (Inkrementales CT)[a]. Untersuchungen[a]

	Schädel	Hypo-physe	Nieren	Becken
Vorlauf (Ioxitalamat 180) [ml]	80	50	80	80
Während der Scanserie (Ioxitalamat 180) [ml]	20	100	120	140
Flow [ml/s]	1	1	1	1

[a] Diese Angaben beziehen sich auf den Scanner General Electric 9800 Quick (High-light-Detector)

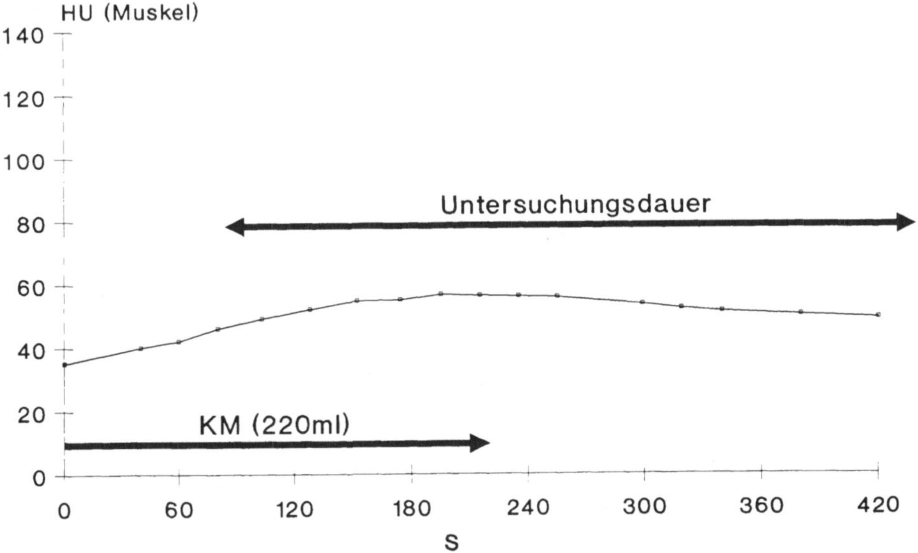

Abb. 1. Diagramm des inkrementalen Becken-CT

reich dargestellt, auch sie sind ein wichtiges diagnostisches Kriterium. Von besonderer Bedeutung ist darüber hinaus die Phase der Abflutung des Kontrastmittels aus dem zu bewertenden Prozeß (über Verteilungs- und Eliminationsprozesse). Die dynamische CT dient in erster Linie dem artdiagnostischen Nachweis fokaler parenchymatöser Prozesse (z. B. fokale noduläre Hyperplasien, Adenome, Onkozytome, Hämangiome, Angiome, Insulinome oder Gastrinome), im wesentlichen also der Differenzierung zwischen charakteristischen benignen Malformationen und malignen Tumoren. Von Bedeutung ist, daß bei bestimmten Fragestellungen die Scanserie mit schneller Schichtfolge durch sog. Spätschichten ergänzt wird. Diese Schichten werden nach einem Intervall von ca. 5–10 min (z. B. kavernöses Leberhämangiom) angefertigt.

Die Qualität dieser Untersuchung wird insgesamt bestimmt durch die technischen Modalitäten des jeweils verfügbaren Computertomographen und durch die Kooperationsfähigkeit des Patienten, da dieser über die Untersuchungszeit definiert Atemkommandos zu befolgen hat. Kontrastmitteldosierung und Injektionsraten sind für Untersuchungen im Bereich aller Regionen des Körperstamms gleich. Die Kontrastmittelapplikation startet mit dem Beginn der Scanserie. Dabei werden 100 ml eines ionischen oder nichtionischen Kontrastmittels (180–200 mg Jod/ml) mit einem Flow von 3 ml/s injiziert. Die Scanzeit pro Schicht beträgt 2 s, es werden jeweils 2 Schichten in Folge bei dann 12 s Atemzeit erstellt (Abb. 2 und 3).

Dynamisch-inkrementales CT

Nicht alle morphologischen Fragestellungen, welche mit Hilfe der dynamischen CT abgeklärt werden können, beziehen sich auf fokale Läsionen. Große Bedeutung haben Perfusionsstudien, z. B. bei der Beurteilung der akuten Pankreatitis erlangt. Hier ist zum Nachweis oder Ausschluß von Parenchymnekrosen eine Anflutung des Kontrastmittels in hoher Konzentration wünschenswert, gleichzeitig ist jedoch die Gesamtdosis aufgrund der häufig kritischen Nierenfunktion möglichst niedrig zu halten. Durch eine Adaptation von technischen Elementen der dynamischen CT konnten wir diese Prämisse hinreichend erfüllen. Da bei entsprechenden Untersuchungen im Gegensatz zur üblichen dynamischen CT jedoch nicht stationär, d.h. in ein und derselben Schichtebene sequentielle Bilder erstellt werden, sondern verschiedene Schichtebenen zu untersuchen sind, bezeichnen wir diese „Mischtechnik" als dynamisch-inkrementale CT. Die praktische Durchführung ist ebenfalls weitgehend abhängig vom jeweiligen Gerätetyp. Bei dem von uns verwendeten Scanner werden zur Erzielung einer hohen Schichtfrequenz zunächst lediglich die Meßdaten acquiriert, die Berechnung der Bilddaten hat im Ablauf dieser Scanserie keine Priorität. Die Untersuchung stellt hinsichtlich der Präzision ihrer Durchführung hohe Anforderungen an den Patienten, da die notwendigen kurzen Atemintervalle vom Programm vorgegeben werden und nicht ad hoc modifizierbar sind. Die Abbildungen 4, 5 und 6 verdeutlichen den Untersuchungsablauf anhand von Beispielen. Mit Hilfe dieses Verfahrens lassen sich bei

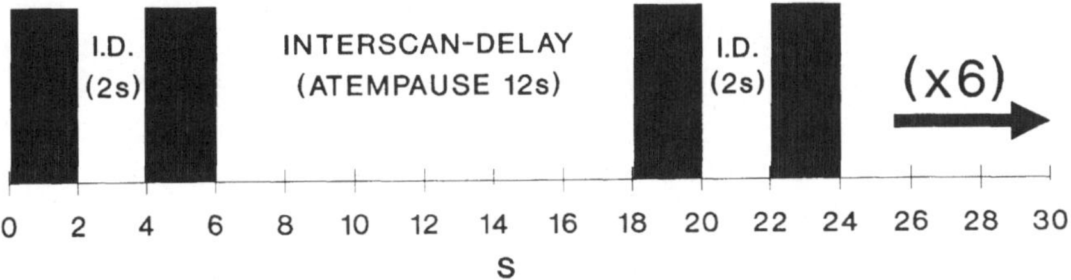

Abb. 2. Zeitlicher Ablauf des dynamischen CT

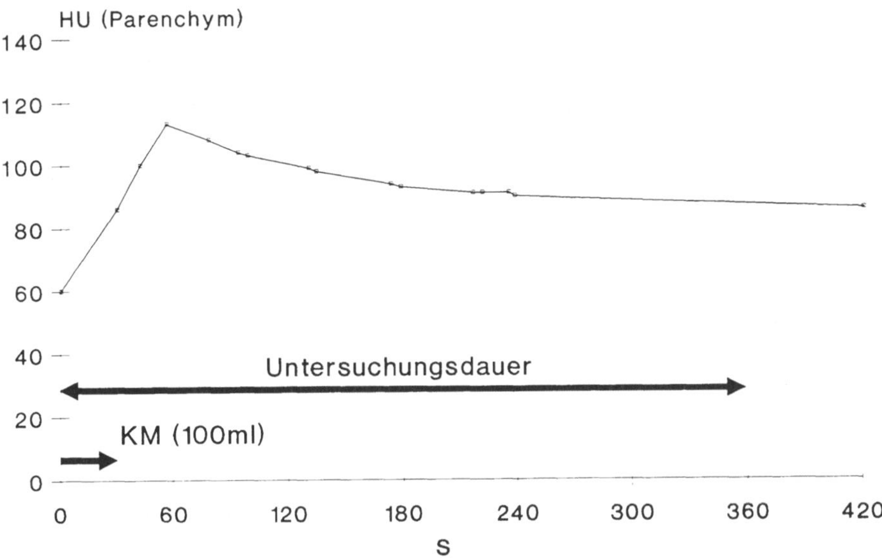

Abb. 3. Diagramm des dynamischen Leber-CT

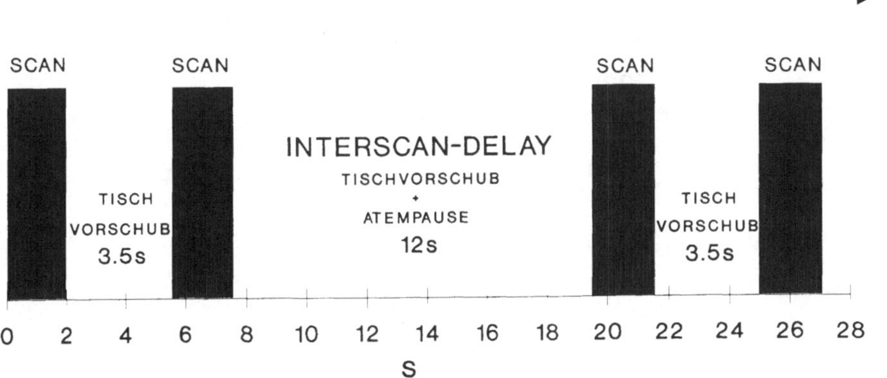

Abb. 4. Zeitlicher Ablauf des dynamisch-inkrementalen CT

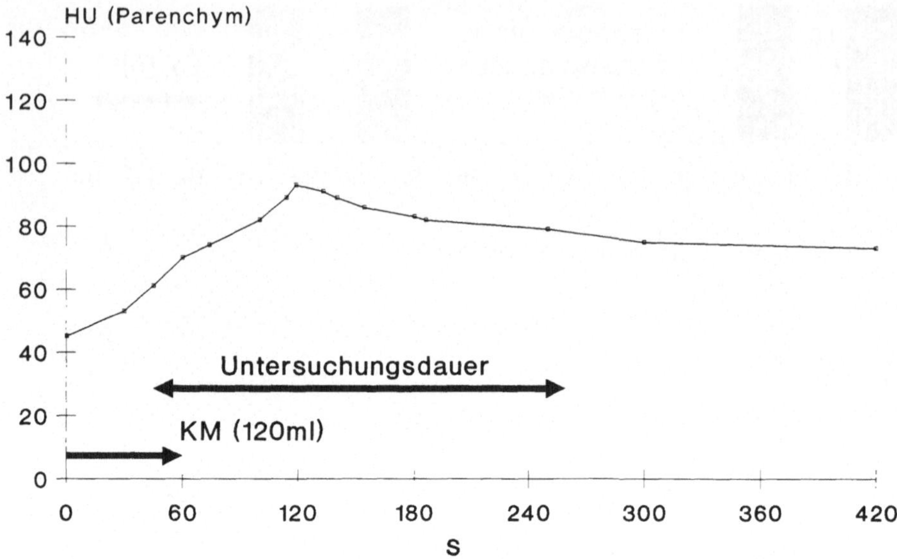

Abb. 5. HU-Diagramm des dynamisch-inkrementalen Pankreas-CT

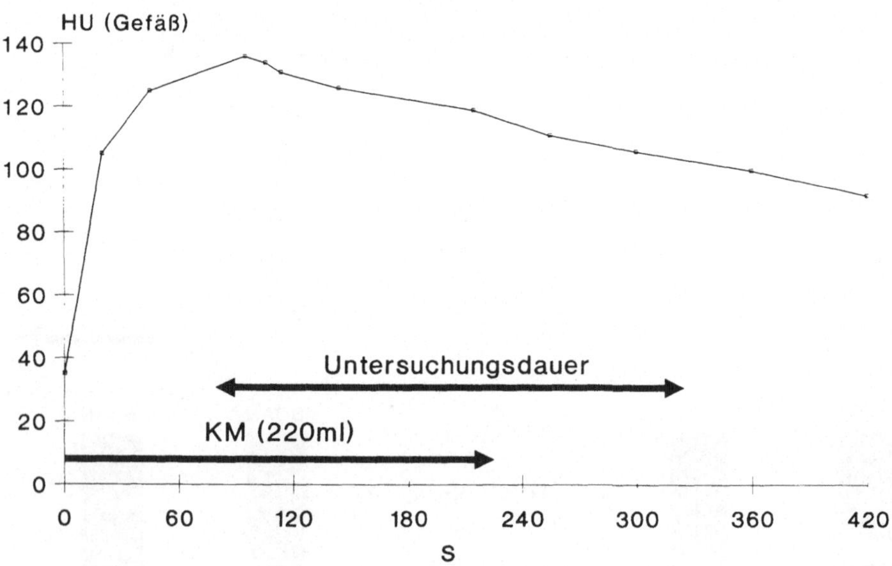

Abb. 6. HU-Diagramm des dynamisch-inkrementalen Thorax-CT

Tabelle 2. Dosierungsbeispiele (Dynamisch-inkrementales CT)[a]

	Leber	Pankreas	Halsregion	Thorax
Vorlauf [ml]	120 Ioxitala- mat 180	90 Iopamidol 370	80 Iopamidol 370	80 Ioxitala- mat 180
Nach Scanbeginn [ml]	100 Ioxitala- mat 180	30 Iopamidol 370	120 Iopamidol 370	140 Ioxitala- mat 180
Flow [ml/s]	2	2	1	1

[a] Diese Angaben beziehen sich auf den Scanner General Electric 9800 Quick (High-light-Detector)

entsprechenden Fragestellungen selbstverständlich auch andere Organ- oder Körperregionen untersuchen. Tabelle 2 zeigt die dazu von uns benutzten Kontrastmittelmengen und Flowraten.

Qualitätsmerkmale des Kontrastmittel-CT

1. Die Kontrastunterschiede zwischen weniger und stärker durchbluteten Arealen einer Struktur müssen deutlich sichtbar sein. Die Fenstereinstellung (Fensterbreite und Fensterlage) beeinflußt die Erkennbarkeit der im Gewebe vorhandenen Kontrastunterschiede. Sie ist für die einzelnen Organregionen unterschiedlich (CT der Fa. General Electric 9800):
   - Leber: Fensterbreite 150, Fensterlage 60;
   - Pankreas: Fensterbreite 350, Fensterlage 60;
   - Niere: Fensterbreite 350, Fensterlage 50;
   - Beckenorgane: Fensterbreite 400, Fensterlage 40;
   - Halsregion und Extremitäten: Fensterbreite 350, Fensterlage 40;
   - Schädel: Fensterbreite 80, Fensterlage 40;
   - Thorax/Mediastinum: Fensterbreite 400, Fensterlage 50.
2. Die Kontrastanhebung der Gefäße auf 130 HU verbessert die visuelle Abgrenzbarkeit von dem sie umgebenden Gewebe.
3. Um Differenzen der Kontrastanhebung in Organ und Organstrukturen sichtbar zu machen, haben sich nach Fenstereinstellung folgende Dichtewerte bewährt:
   - Parenchymatöse Organe: 90 – 100 HU
   - Muskelgewebe: 60 – 70 HU
   - Gefäße: 120 – 140 HU
4. Die Teilauflösung bei niedrigem Kontrast 3 mm, bei hohem Kontrast 1 mm Objektgröße.
5. Die Bilddokumentation muß alle Befundmerkmale enthalten, die zur Diagnose führen. Eine Fremdbefundung der CT-Bilder durch einen CT-erfahrenen Arzt muß möglich sein.

Zusammenfassend ist zu sagen, daß der Einsatz eines schnellen Scanners in Kombination mit einem optimierten Infusionssystem eine hohe Kontrastanhebung zur Differenzierung pathologischer Gewebeformationen gestattet, dabei kann die Gesamtmenge des applizierten Kontrastmittels adaptiert an entsprechende Fragestellungen auf einem relativ niedrigen Niveau begrenzt werden.

Bei der weitaus überwiegenden Zahl der computertomographischen Untersuchungen ist die Gabe von Kontrastmittel unverzichtbar. Der Betrag der Dichteanhebung einzelner Strukturen gegenüber dem sog. Nativscan bestimmt dabei weitgehend die Qualität der Untersuchung. Entsprechende Dichtedifferenzen sollten sich als Kontrast direkt aus der Bilddokumentation ergeben. Vergleichende Dichtemessungen mit entsprechenden Signifikanzbetrachtungen können den visuellen Eindruck nicht ersetzen.

Literatur

Claussen C, Lochner B (1983) Dynamische Computertomographie. Springer, Berlin Heidelberg New York Tokyo, S 33–34
Hacker H, Becker H (1977) Time controlled computed tomographic angiography. J Comput Assist Tomogr 1:405–409
Hübener KH (1981) Computertomographie des Körperstammes. In: Frommhold W (Hrsg) Röntgen wie? wann? Bd IV. Thieme, Stuttgart, S 48–49
Lackner K, Simon H, Thurn P (1979) Kardio-Computertomographie – Neue Möglichkeiten in der radiologischen nicht-invasiven Herzdiagnostik. Z Kardiol 68:667–675
Maier W (1991a) Flow-gesteuerte Kontrastmittelapplikation zur Computertomographie. ROFO 2:187–191
Maier W (1991b) Klinischer Einsatz eines neuen Kontrastmittelinjektors für die Computertomographie. Röntgenpraxis 43:410–412
Wegener OH (1981) Ganzkörper-Computertomographie. Karger, Basel, S 10–50

Enterale Kontrastmittelapplikation in der Computertomographie

R. Langer, M. Langer, K. Rosenkranz, C. Zwicker
und R. Felix

Für die Computertomographie (CT) des Abdomens und auch die CT zum Staging des Oesophaguskarzinoms ist die orale Kontrastmittel (KM)-Gabe obligat. Für spezielle Fragestellungen, insbesondere im kleinen Becken, kann sie durch die rektale KM-Applikation ergänzt werden.

Orale KM-Gabe bei CT-Untersuchungen

Als orale Kontrastmittel stehen für die Abdomencomputertomographie *positive* und *negative* Kontrastmittel zur Verfügung. Am meisten verbreitet sind positive Kontrastmittel. Hier wird unterschieden zwischen wasserlöslichen (jodhaltigen) Kontrastmitteln und verdünnten Bariumsulfatsuspensionen.

Wasserlösliche Kontrastmittel

Am häufigsten verwandt werden 1–2%ige Lösungen jodhaltiger Kontrastmittel (Gastrografin, Peritrast oral, Telebrix gastro mit Jodkonzentrationen zwischen 300–400 mg/ml), die in unterschiedlicher Form verabreicht werden. Von verschiedenen Autoren (Carr u. Banks 1985; Gmelin et al. 1989; Nyman et al. 1984; Zwaan u. Gmelin 1989) wird die 1–2%ige Gastrografin-Lösung fraktioniert verabreicht:
- 200 ml am Abend vor der Untersuchung,
- 200 ml am Morgen vor der Untersuchung und
- 200–300 ml direkt vor Untersuchungsbeginn.

Von anderen Arbeitsgruppen (Garrett et al. 1984; Grabbe 1979; Thoeni 1989) werden 500–1000 ml einer 1–2%igen Gastrografin-Lösung, beginnend 45 min vor der Abdomen-CT fraktioniert verabreicht, teilweise mit Metoclopramid-Hydrochlorid sowie 250 ml direkt vor Beginn der CT zur Kontrastierung von Magen und Duodenum.

Bei CT-Untersuchungen, die das Becken miteinschließen, werden alternativ 20–30 ml *unverdünntes* Gastrografin am Vorabend der Untersuchung peroral verabreicht (Garrett et al. 1984; Mitchell et al. 1985; Thoeni 1989) oder 500 ml als Einlauf direkt vor der Untersuchung gegeben (Abb. 1).

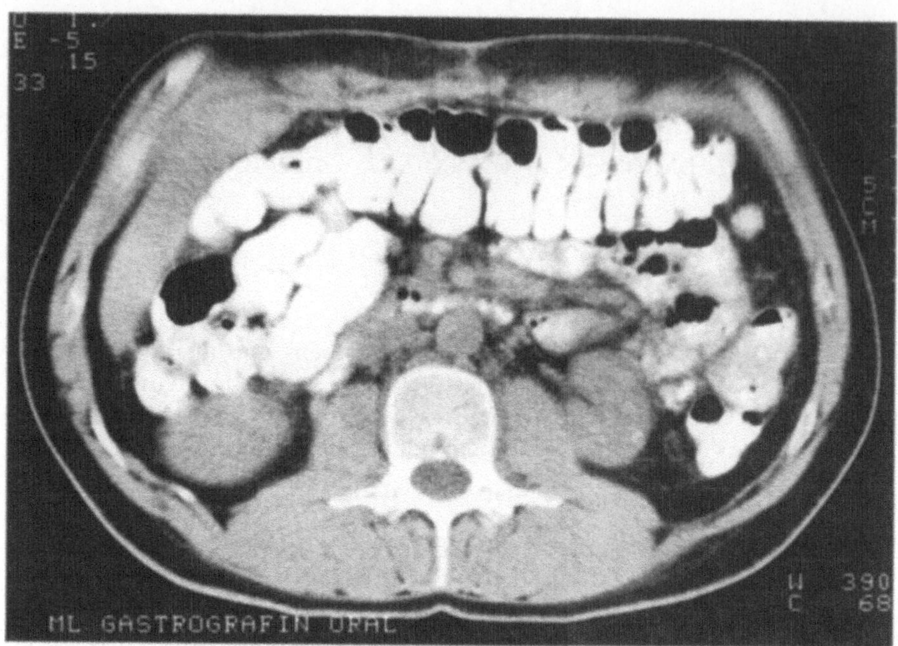

Abb. 1. Gute, jedoch sehr kontrastreiche Dickdarmkontrastierung nach peroraler Gabe von 30 ml unverdünntem Gastrografin am Vorabend der Untersuchung; Dünndarm ebenfalls gut kontrastiert nach Gabe von 200 ml am Morgen vor der CT

Zur Erlangung einer Hypotonie werden zum Teil 1 mg Glukagon oder 1–2 mg Buscopan i.v. injiziert.

Bei der Gabe von jodiertem wasserlöslichen Kontrastmittel verabreichen wir in unserer Klinik 750–1500 ml einer 2%igen Gastrografin- oder Peritrast-Lösung, beginnend 1,5 h bis 45 min vor der Computertomographie und geben zur Kontrastierung von Magen und Duodenum direkt vor Untersuchungsbeginn nochmals 200 ml desselben Kontrastmittels. Teilweise werden dem Kontrastmittel ca. 25 g Mannit pro 1000 ml zur schnelleren Passage zugefügt.

Auf eine i.v.-Injektion von Glukagon oder Buscopan verzichten wir im Routinefall im Gegensatz zur Kernspintomographie mit oraler Darmkontrastierung.

Verdünnte Bariumsulfatsuspensionen

Bei Bariumsulfatsuspensionen sind 1,4–1,7%ige Mischungen üblich (Carr u Banks 1985; Garrett et al. 1984; Megibow u. Bosniak 1980; Nyman et al. 1984; Zwaan u. Gmelin 1989). 500–1000 ml der Suspension werden fraktioniert 1–2 h vor Untersuchungsbeginn sowie direkt vor der CT verabreicht.

Wir geben 500–1000 ml einer 1,5%igen Bariumsuspension 1,5 h bis 45 min vor der Untersuchung sowie nochmals 200 ml direkt vor CT-Beginn (Abb. 2a–c).

Bei kurzer Röhrenumlaufzeit (< 1,5 s) ist die i.v.-Gabe von Buscopan oder Glukagon zur Reduzierung von Bewegungsartefakten nicht mehr erforderlich und wird routinemäßig nicht eingesetzt. Sie dient bei Verwendung neuerer CT-Geräte im Subsekundenbereich nur einer Distension der Darmschlingen.

Negative Kontrastmittel

An negativen Kontrastmitteln stehen zur Verfügung:
- pflanzliche Öle,
- Paraffinemulsionen sowie
- Wasser.

Von Baldwin (1978) und Raptopoulus et al. (1988) wurden pflanzliche Öle verwandt, die bei einer Gabe von 500–600 ml dem Körper ca. 2000 Kalorien zuführen und bei akuter Pankreatitis, Cholezystitis, Gallekoliken und Diabetes mellitus kontraindiziert sind. Von Schumacher (1988) wurde eine handelsübliche Öl-Wasser-Emulsion (Intralipid 20%ig) mit Geschmackskorrigens (Banane) peroral gegeben. Hierdurch wurde bei einer mittleren Dichte von −23 HU (SD ± 5 HU) im Magen eine negative Kontrastierung erreicht, im Duodenum mit 6 (± 31) HU *nicht* in allen Fällen.

Von Gmelin u. Zwaan (1989) wurde eine 25%ige Paraffinemulsion in Kombination mit Methylzellulose, Wasser und Geschmackskorrigenzien verabreicht (Abb. 3a, b). Die CT-Dichtewerte der Suspension liegen bei −40 bis −10 HU.

Die Emulsion wird fraktioniert peroral gegeben:
- 200–300 ml am Abend vor der Untersuchung,
- 200 ml am Morgen vor der Untersuchung und
- 200–300 ml direkt vor CT-Beginn.

Zusätzlich werden, zur Magen-Darm-Entfaltung, 1 mg Glukagon oder 2 mg Buscopan i.v. injiziert. Für die Untersuchung der Beckenregion erhalten die Patienten zusätzlich vor der CT einen Einlauf mit derselben Suspension.

Alternativ kann die Paraffinemulsion, 1,5 h vor der CT-Untersuchung beginnend, fraktioniert getrunken werden.

Eine weitere Möglichkeit des negativen Kontrastmittels ist die perorale oder rektale Applikation von Wasser. Dieses kann für bestimmte Fragestellungen nach Vorbereitung wie für die Kolondoppelkontrastuntersuchung als Einlauf mit 1500 ml erfolgen (Gaa u. Deininger 1990), und zwar in Hypotonie nach i.v.-Injektion von 2 ml Buscopan.

Für die Kontrastierung des Magens mit Wasser sollen 500–700 ml nach i.v.-Applikation von 1 mg Glukagon getrunken werden (Baert et al. 1989). Nach zusätzlicher i.v.-Bolusinjektion von wasserlöslichem Kontrastmittel konnten Magentumoren, insbesondere Magenkarzinome, gut dargestellt werden.

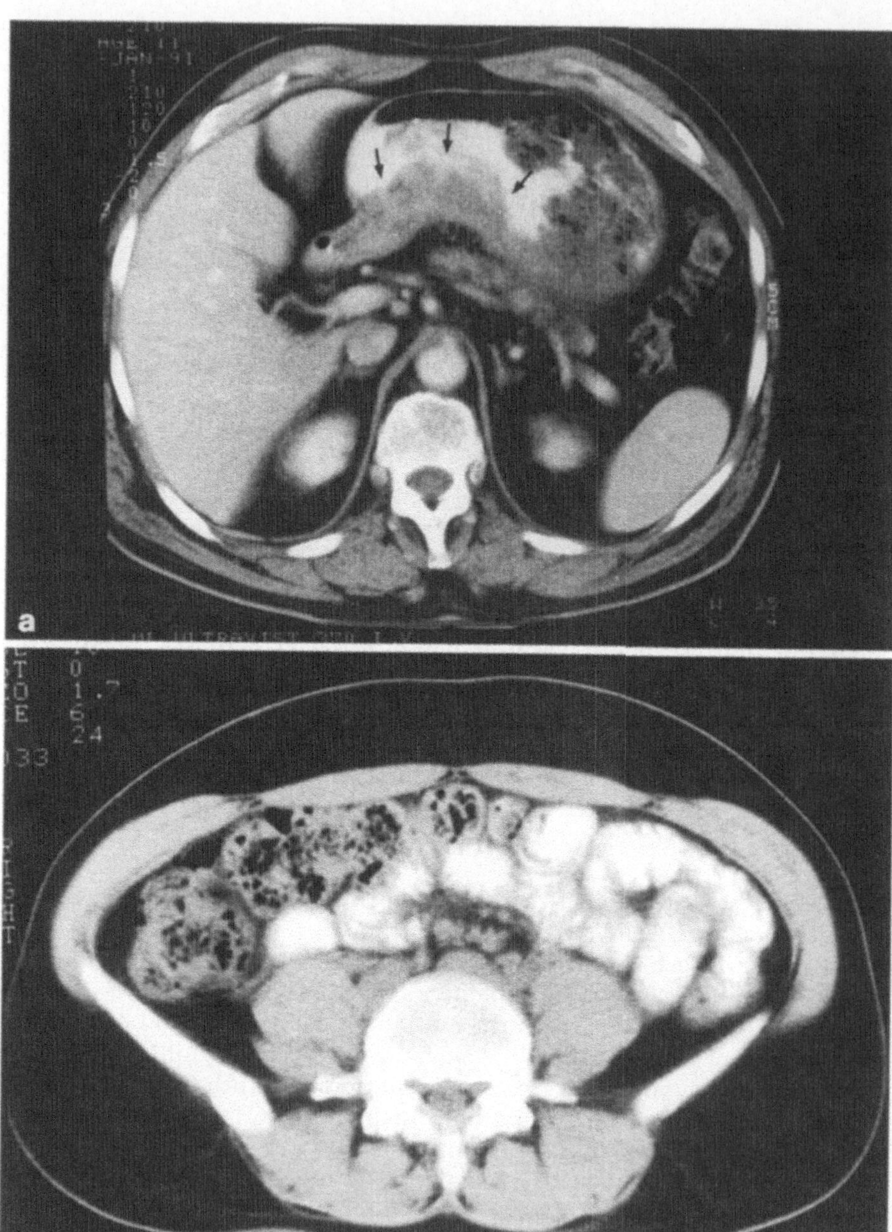

Abb. 2. **a** Kontrastierung des Magens bei stenosierendem Antrumkarzinom mit 1,5%iger Bariumsulfatsuspension; noch Speisereste im Magen; gute Demarkierung des Magenkarzinoms. **b** Gute Dünndarmkontrastierung durch $BaSO_4$-Suspension, Dickdarm nicht kontrastiert

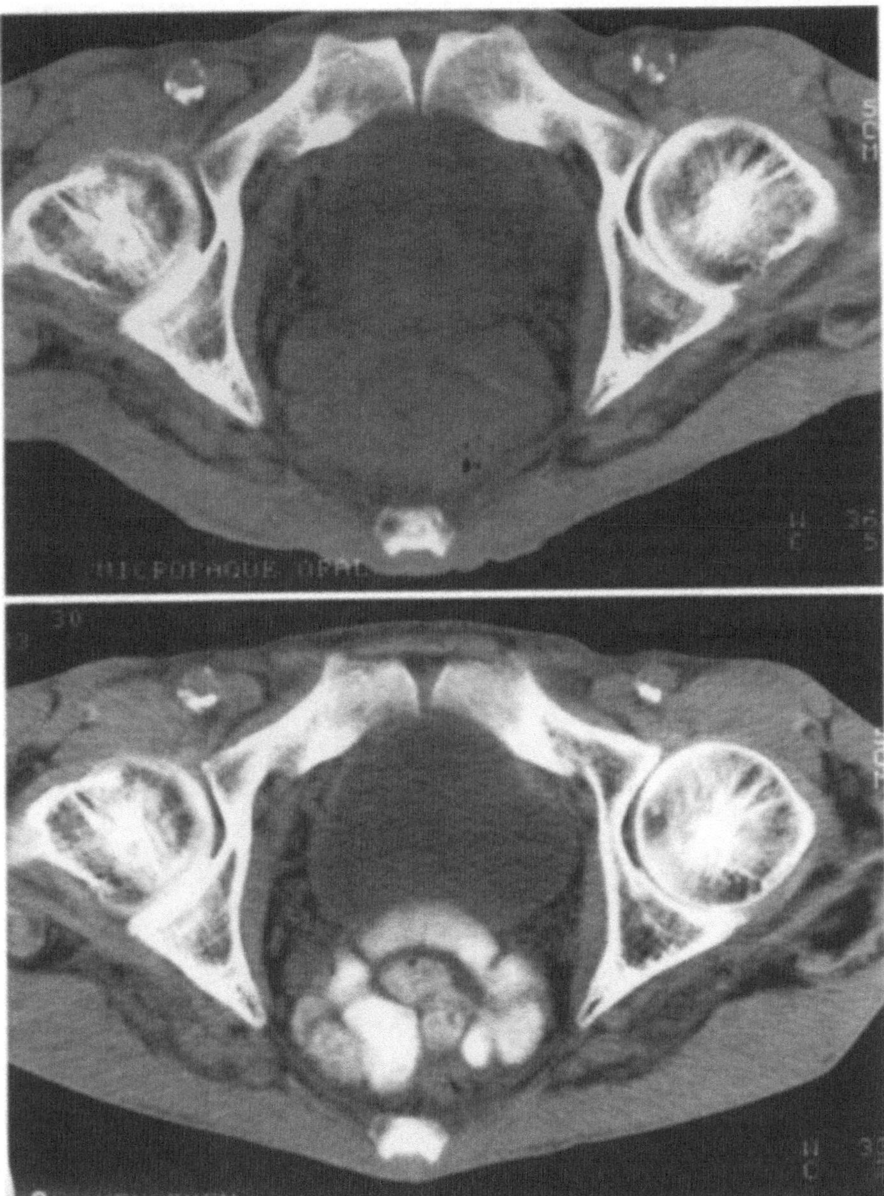

Abb. 2c. Im oberen Bildabschnitt keine Kontrastierung der Dünndarmschlingen retrovesikal, auf den Spätaufnahmen (45 min später) gute Kontrastierung der unteren Dünndarmschlingen; Rektum nicht kontrastiert

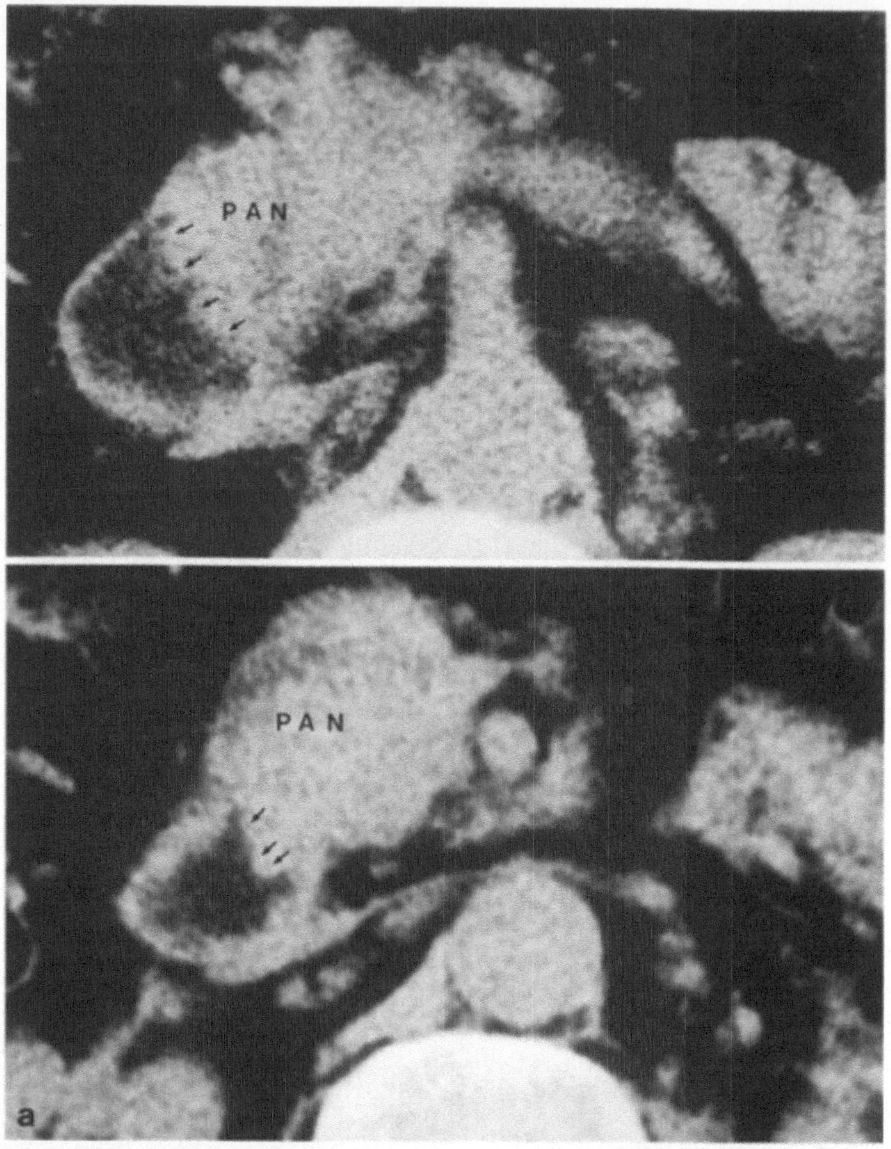

Abb. 3a. Gute Duodenalkontrastierung mit Paraffinemulsion 25%ig bei Pankreaskopfkarzinom (PAN); Duodenalimpression und -infiltration durch den Tumor (*Pfeile*)

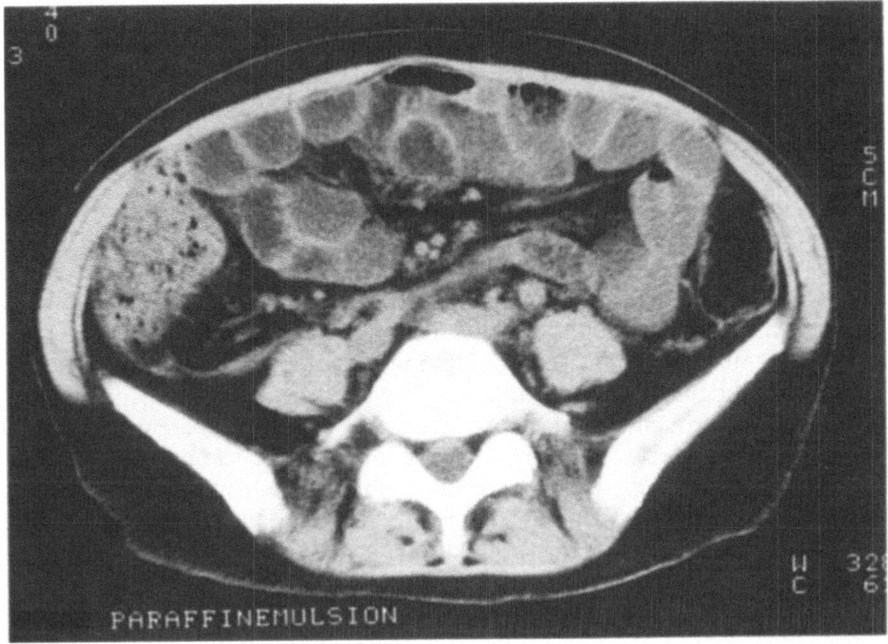

Abb. 3b. Gute Dünndarmkontrastierung mit Paraffinemulsion; Dickdarm nicht kontrastiert

Rektale Kontrastmittelapplikation

Zur besseren Darstellung des Rektums, Sigmas und Colon descendens sowie zur Untersuchung des kleinen Beckens wird von einigen Autoren (Gmelin et al. 1989; Grabbe 1979; Thoeni 1989; Zwaan u. Gmelin 1989) die zusätzliche rektale Applikation von jodhaltigem, bariumhaltigem oder negativem Kontrastmittel favorisiert. Alternativ wird, insbesondere von Mitchell (1985) die perorale KM-Gabe am Vorabend propagiert.

Vor- und Nachteile der unterschiedlichen Kontrastmittel

Bezüglich der Vor- und Nachteile der unterschiedlichen KM-Typen soll zu folgenden Punkten Stellung genommen werden:

1. Füllung der einzelnen Darmabschnitte,
2. Artefakte,
3. Beurteilbarkeit der Darmwandstrukturen,
4. Nebenwirkungen,
5. Akzeptanz von seiten der Patienten.

1. Füllung

Zur Frage der vollständigen gastrointestinalen Füllung gibt es unterschiedliche Literaturangaben. Für den oberen Gastrointestinaltrakt – Magen und Duodenum – liegen für positive Kontrastmittel die Angaben zwischen 73% (Zwaan u. Gmelin 1989) und knapp 100% (Nyman et al. 1984) für eine optimale Darstellung.

Für negative Kontrastmittel (pflanzliche Öle, Paraffinemulsionen) liegt die Angabe der vollständigen Füllung bei 90–100% (Gmelin et al. 1989; Raptopoulos et al. 1988; Zwaan u. Gmelin 1989). Dies wird ebenfalls für Wasser angegeben (Baert et al. 1989). Allerdings erfolgt bei allen Autoren, die negative Kontrastmittel verwenden, die Untersuchung in Hypotonie.

Insgesamt ist die Magenkontrastierung einfacher zu erreichen, als die vollständige Duodenalkontrastierung.

Für den Dünndarm sind die Angaben sehr different, übereinstimmend ist die Kontrastierung des oberen und mittleren Dünndarms mit allen Kontrastmitteln besser möglich als die der distalen Anteile. Die Angaben für jodhaltige Kontrastmittel liegen zwischen ca. 50% (Carr u. Banks 1985) und >85% (Nyman et al. 1984), des distalen Dünndarms zwischen ca. 50% (Carr u. Banks 1985; Zwaan u. Gmelin 1989) und >60% (Nymann et al. 1984).

Für Bariumsulfatsuspensionen sind die verschiedenen Publikationen nicht direkt vergleichbar, da zum großen Teil nicht zwischen oberem und unterem Dünndarm unterschieden wird. Eine gute Kontrastierung wird von 27% (Carr u. Banks 1985) über 62% (Zwaan u. Gmelin 1989) bis zu ca. 89% (Nyman et al. 1984) angegeben. Eine gute bis ausreichende Kontrastierung des Dünndarms mit negativem Kontrastmittel ist bei knapp 57% möglich (Zwaan u. Gmelin 1989).

Für das Kolon wurde eine gute KM-Füllung in ca. 60% für orale jodhaltige Kontrastmittel und nur ca. 31% für Bariumsulfatsuspensionen festgestellt (Nyman et al. 1984; Mitchell et al. 1985; Gmelin et al. 1989). Die Paraffinemulsion ergab ebenfalls bei ca. 60%, entsprechend den Angaben für jodhaltige wasserlösliche Kontrastmittel, eine zufriedenstellende Abgrenzbarkeit des Dickdarms.

Zur Verbesserung der Kolonkontrastierung wird für jodierte Kontrastmittel die Gabe von 20–30 ml unverdünntem Kontrastmittel am Vorabend empfohlen oder die zusätzliche rektale Applikation (Grabbe 1979; Mitchell et al. 1985; Thoeni 1989).

2. Artefakte

Relevante Aufhärtungsartefakte wurden nur bei positiven Kontrastmitteln gefunden (Schumacher et al. 1989; Thoeni 1989; Zwaan u. Gmelin 1989), dagegen nicht bei negativen Kontrastmitteln – Öllösungen (Raptopoulos 1988; Schumacher 1989), Paraffinemulsionen (Gmelin et al. 1989) und Wasser (Baert et al. 1989).

3. Wandbeurteilbarkeit

Eine ausreichende Beurteilbarkeit der Darmwand war in der Regel nur mit negativem Kontrastmittel und Untersuchung in Hypotonie möglich.

Für eine ausreichende Beurteilung der Kolonwand war allerdings eine Vorbereitung, entsprechend der Vorbereitung für die Kolondoppelkontrastuntersuchung, notwendig (Gaa u. Deininger 1990).

4. Nebenwirkungen

Die Nebenwirkungsrate wird in der Literatur für die verschiedenen Kontrastmittel unterschiedlich hoch angegeben.

Für jodhaltige Kontrastmittel liegt sie in neueren Arbeiten für Übelkeit und Diarrhoen bei 16% (Zwaan u. Gmelin 1989), in älteren Arbeiten bei 20% für Diarrhoen und 11% für Übelkeit (Nyman et al. 1984). Für 1,5%ige Bariumsulfatsuspensionen wird eine Nebenwirkungsrate zwischen 3–4% (Zwaan u. Gmelin 1989; Nyman et al. 1984) für Diarrhoen und 13–19% (Nyman 1984; Raptopoulos 1988) für Übelkeit beschrieben. Für pflanzliche Öle und die von Schumacher (1988) benutzte Öl-Wasser-Emulsion ist bei einer Gabe von 500–600 ml zu beachten, daß zusätzlich ca. 2000 Kalorien zugeführt werden. Ebenfalls müssen die Kontraindikationen (s. oben) beachtet werden. Die von Gmelin et al. (1989) und Zwaan u. Gmelin (1989) eingesetzte Paraffinemulsion ist inert und kann auch bei den oben genannten Kontraindikationen verabreicht werden.

Die Nebenwirkungen sind mit ca. 8% Übelkeit, 2% Erbrechen und ca. 10% Diarrhoen höher als für Bariumsulfat. Für die Gabe von Wasser zur Magenkontrastierung als negatives Kontrastmittel wurde von Baert et al. (1989) keine Nebenwirkung berichtet.

5. Akzeptanz

Die Akzeptanz lag für die Bariumsulfatsuspension am höchsten; für pflanzliche Öle war sie am schlechtesten. Dies entspricht auch den Erfahrungen im eigenen Hause. Für die von Gmelin et al. (1989) benutzte Paraffinemulsion ist sicher eine Verbesserung der Akzeptanz durch andere Geschmackskorrigenzien zu erwarten.

Qualitätsmerkmale einer guten gastrointestinalen Kontrastierung

Als Qualitätskriterien für die enterale Kontrastmittelapplikation sind folgende Punkte zu berücksichtigen:

1. Sämtliche Abschnitte des Gastrointestinaltraks sollen gleichmäßig gefüllt sein.
2. Durch die enterale KM-Gabe dürfen keine, die Diagnose beeinträchtigenden Artefakte verursacht werden.

3. Wenn eine Darmwandbeurteilung erforderlich ist, soll die Untersuchung in
   Hypotonie durchgeführt werden. Bei der Beurteilung der Kolonwand muß
   eine der Kolondoppelkontrast-Untersuchung entsprechende Vorbereitung
   erfolgen.

Empfehlungen für die gastrointestinale Kontrastierung

Als generelle Richtlinie ist folgendes Prozedere zu empfehlen:

Um eine möglichst geringe Patientenbeeinträchtigung und höchstmögliche
Akzeptanz zu erhalten, empfehlen wir die Gabe der 1,5%igen Bariumsulfat-
suspension, die auch – insbesondere in der neueren Literatur – die geringste
Nebenwirkungsrate aufweist.

Um eine ausreichende Kontrastierung des unteren Dünndarms und Dickdarms zu erreichen, sollte die KM-Menge mindestens ca. 1000 ml umfassen.
Das Kontrastmittel muß fraktioniert getrunken werden. Eine KM-Gabe zusätzlich direkt vor Beginn der CT ist zur besseren Kontrastierung von Magen
und Duodenum durchzuführen.

Sofern für bestimmte Fragestellungen eine Beurteilbarkeit der Darmwand
erforderlich ist, sollten negative KM angewandt werden. Hier können für den
Magen und die unteren Kolonabschnitte alternativ 25%ige Paraffinemulsionen oder Wasser benutzt werden. Die Untersuchung soll in Hypotonie erfolgen.

Für die Dickdarmdarstellung ist eine dem Kolondoppelkontrasteinlauf
entsprechende Vorbereitung unumgänglich.

Die beste Darstellbarkeit des Duodenums wurde bisher nach peroraler
Applikation der 25%igen Paraffinemulsion berichtet, allerdings ebenfalls in
Hypotonie. Sie eignet sich insbesondere, wenn die Fragestellungen den Pan-
kreaskopf und den Processus uncinatus betreffen.

Literatur

Baert AL, Roex L, Marchal G, Hermans P, Dewilde D, Wilms G (1989) Computed tomogra-
   phy of the stomach with water as an oral contrast agent: technique and preliminary
   results. J Comput Assist Tomogr 13:633–636
Carr DH, Banks LM (1985) Comparison of barium and diatrizoate bowel labelling agents
   in computed tomography. Br J Radiol 58:393–394
Gaa J, Deininger HK (1990) Computertomographie kolorektaler Tumoren mit Wasser als
   Kontrastmittel. ROFO 152:723–726
Garrett PR, Meshkov SL, Perlmutter GS (1984) Oral contrast agents in CT of the abdomen.
   Radiology 153:545–546
Gmelin E, Zwaan M, Borgis KJ, Schmidt F (1989) Negatives oral-intestinales Kontrastmittel
   für die abdominelle Computertomographie. Röntgenpraxis 42:8–10
Grabbe E (1979) Methodik und Wert der Darmkontrastierung bei der abdominellen Compu-
   tertomographie. ROFO 131:588–594

Megibow AJ, Bosniak MA (1980) Dilute barium as a contrast agent for abdominal CT. AJR 134:1273–1274

Mitchell DG, Bjorgvinsson E, ter Meulen D, Lane P, Greberman M, Friedman AC (1985) Gastrografin versus dilute barium for colonic CT examination: a blind, randomized study. J Comput Assist Tomogr 9:451–453

Nyman U, Dinnetz G, Andersson I (1984) E-Z-CAT. An oral contrast medium for use in computed tomography. Acta Radiol Diagn 25:121–124

Raptopoulos V, Davidoff A, Karellas A, Davies MA, Coolbaugh BL, Smith EH (1988) CT of the pancreas with a fat density oral contrast regimen. AJR 150:1303–1306

Schumacher KA, Friedrich JM, Weidenmaier W (1988) Kontrastierung des oberen Gastrointestinaltraktes zur Computertomographie durch eine Lipid-Emulsion negativer Dichte. Röntgenpraxis 41:358–360

Thoeni R (1989) CT Evaluation of carcinomas of the colon and rectum. Radiol Clin N Am 27:731–741

Zwaan M, Gmelin E (1989) Vergleich zwischen zwei positiven und einem negativen oralen Kontrastmittel für die abdominelle CT-Diagnostik. Röntgenblätter 42:219–223

Kontrastmittelunterstützte Magnetresonanztomographie: Dosisoptimierung von Gadolinium-DTPA

P. Schubeus, W. Schörner und J. Haustein

Einleitung

Das paramagnetische Kontrastmittel Gadolinium(Gd)-DTPA findet heute in der Magnetresonanztomographie (MRT) des ZNS breite Anwendung (Elster et al. 1989). Ein wichtiges Indikationsgebiet ist die Diagnostik intrakranieller Tumoren. Durch Kontrastierung des Tumorgewebes erbringt Gd-DTPA den Nachweis einer Störung der Blut-Hirn-Schranke und verbessert die Abgrenzbarkeit kontrastmittelanreichernder Tumoren (Felix et al. 1985; Hesselink et al. 1988; Schörner et al. 1984; Stack et al. 1988).

Hinsichtlich der Applikationsform und -geschwindigkeit von Gd-DTPA liegen bereits ausreichende Erfahrungen vor. Die Gd-DTPA-Gabe erfolgt in der Regel als i.v.-Injektion. Da Gd-DTPA vor allem eine Verkürzung der T1-Zeit bewirkt, werden nach Kontrastmittelgabe T1-gewichtete Aufnahmen zur Beurteilung des Kontrastmittelanreicherungsverhaltens durchgeführt. Im allgemeinen werden die Postkontrastaufnahmen direkt nach Kontrastmittelgabe erstellt (Brant-Zawadzki et al. 1986; Schörner et al. 1986).

Die optimale Gd-DTPA-Dosis ist dagegen noch Diskussionsgegenstand (Haustein et al. 1990). Gute Ergebnisse hinsichtlich Bildgebung und Verträglichkeit werden bei einer Dosis von 0,1 mmol Gd-DTPA/kg KG beschrieben (Carr et al. 1984; Felix et al. 1985; Schörner et al. 1984). Bezüglich der diagnostischen Wertigkeit kleinerer oder höherer Dosen liegen jedoch nur begrenzte Erfahrungen vor (Niendorf et al. 1987; Stack et al. 1988). Ziel der vorliegenden Untersuchung war es daher, Dosierungen zwischen 0,025 und 0,2 mmol Gd-DTPA/kg KG zu vergleichen.

Patienten und Methode

33 Patienten mit histologisch oder klinisch-radiologisch belegten intra- oder extraaxialen Hirntumoren wurden in die vorliegende Studie aufgenommen. Es handelte sich um 17 Männer und 16 Frauen im Alter von 21–80 Jahren (Median: 48 Jahre). Die Patienten wurden mit Hilfe einer Randomisierungsliste 3 Dosisgruppen zugeteilt. Tabelle 1 zeigt die Tumordiagnosen in den einzelnen Gruppen.

Tabelle 1. Artdiagnosen der Tumoren in den drei Patientengruppen[a]

Tumordiagnose	Gruppe 1	Gruppe 2	Gruppe 3
Astrozytom	4 (4)	1 (1)	1 (1)
Glioblastom	3 (2)	4 (4)	–
Oligodendrogliom	–	2 (2)	1 (1)
Hypophysenadenom	1 (1)	1 (0)	4 (3)
Meningeom	–	3 (2)	1 (1)
Akustikusneurinom	–	–	1 (0)
Clivuschordom	–	–	2 (1)
Spongioblastom	–	–	1 (1)
Kavernom	1 (1)	–	–
Metastase	1 (0)	–	–
Sarkom	1 (1)	–	–

[a] Die Anzahl der histologisch gesicherten Diagnosen ist in Klammern angegeben.

Die Untersuchungen wurden an einem 0,5-T-Ganzkörpertomographen unter Benutzung der Kopfspule durchgeführt (Siemens, Magnetom). Die Schnittführung war stets axial, die Schichtdicke betrug 10 mm. Zunächst wurden T2-gewichtete Spinechoaufnahmen (SE 1600/70, eine Datenakquisition) erstellt und eine Zielschicht im Bereich der maximalen Tumorausdehnung festgelegt. In dieser Schichtposition wurde eine T1-gewichtete Einzelschichtaufnahme (SE 400/30, 2 Datenakquisitionen) erstellt. Anschließend wurde in Gruppe 1 eine Dosis von 0,025, in Gruppe 2 eine Dosis von 0,05 und in Gruppe 3 eine Dosis von 0,1 mmol Gd-DTPA (Schering, Magnevist) pro kg Körpergewicht injiziert. 5 min nach Kontrastmittelgabe wurde die T1-gewichtete Zielschicht in unveränderter Position wiederholt. 25 min nach der Erstinjektion wurde eine Ergänzungsdosis von 0,075 in Gruppe 1, 0,05 in Gruppe 2 und 0,1 mmol Gd-DTPA/kg KG in Gruppe 3 verabreicht, so daß in Gruppe 1 und Gruppe 2 jeweils eine Gesamtdosis von 0,1 und in Gruppe 3 eine Gesamtdosis von 0,2 mmol Gd-DTPA/kg KG erreicht wurde. 5 min nach der zweiten Injektion wurde die T1-gewichtete Zielschicht in unveränderter Position nochmals wiederholt.

Die Auswertung der T1-gewichteten Prä- und Postkontrastaufnahmen erfolgte quantitativ und visuell. Im Rahmen der quantitativen Auswertung wurden auf allen Zielschichtaufnahmen mittels der Region-of-Interest-Technik (3 mm Meßkreis) die Signalintensitäten im Tumorgewebe und im kontralateralen Marklager bestimmt. Der prozentuale Signalintensitätsanstieg (SI-Anstieg) im Tumor nach Kontrastmittelgabe wurde aus den Signalintensitäten im Tumor auf den Prä- [SI (Prä)] und Postkontrastaufnahmen [SI (Post)] wie folgt berechnet:

$$\text{SI-Anstieg [\%]} = [\text{SI(Post)} - \text{SI (Prä)}] \cdot 100 / \text{SI (Prä)}$$

Der Kontrast zwischen Tumor und Marklager (Tumor-Hirn-Kontrast) wurde für Prä- und Postkontrastaufnahmen aus den Signalintensitäten im Tumor

[SI(Tumor)] und im Marklager [SI(Mark)] berechnet:

Tumor-Hirn-Kontrast [%] = [SI(Tumor) − SI(Mark)] · 100/SI(Mark)

Die visuelle Auswertung umfaßte den SI-Anstieg im Tumor, den Tumor-Hirn-Kontrast und die Tumorabgrenzbarkeit auf den Prä- und Postkontrastaufnahmen. Eine signalärmere Darstellung des Tumors im Vergleich zum Marklager wurde als „hypointenser Tumor-Hirn-Kontrast", eine signalreichere Tumordarstellung als „hyperintenser Tumor-Hirn-Kontrast" bezeichnet.

Ergebnisse

SI-Anstieg im Tumor

Die Ergebnisse der visuellen Auswertung zeigt Tabelle 2. Meßtechnisch nahmen nach Gabe der ersten Gd-DTPA-Dosis die Signalintensitäten im Tumor im Mittel um 23,3% in Gruppe 1, um 41,5% in Gruppe 2 und um 81,1% in Gruppe 3 gegenüber der Nativaufnahme zu. Nach Gabe der Ergänzungsdosis erhöhten sich die Signalintensitäten gegenüber der Nativaufnahme um 77,3% in Gruppe 1, um 83,5% in Gruppe 2 und um 111,1% in Gruppe 3.

Tumor-Hirn-Kontrast

Die visuell bewerteten Kontraste zwischen Tumoren und Hirngewebe sind in Tabelle 3 gezeigt. Quantitativ beurteilt waren die Tumoren nativ im Mittel signalärmer als das weiße Marklager (−22.7% in Gruppe 1, −23,7% in Gruppe 2 und −18,3% in Gruppe 3). Nach Gabe der ersten Dosis betrug der mittlere Tumor-Hirn-Kontrast −4,5% in Gruppe 1, 8,4% in Gruppe 2 und 43,0% in Gruppe 3. Nach Gabe der Ergänzungsdosis stieg der mittlere Tumor-Hirn-Kontrast auf 37,7% in Gruppe 1, 38,7% in Gruppe 2 und 62,5% in Gruppe 3.

Tumorabgrenzbarkeit

Die visuellen Bewertungen der Tumorabgrenzbarkeit zeigt Tabelle 4. Unter Tumorabgrenzbarkeit wird hier die globale Differenzierbarkeit der Raumforderung von der Umgebung verstanden, die bei Vorliegen eines Ödems, einer Tumorkapsel oder von Strukturdifferenzen auch bei zum Hirngewebe isointensen Tumoren ausreichend sein kann.

Tabelle 2. SI-Anstieg im Tumor nach Gabe verschiedener Dosen Gd-DTPA. Die Werte sind als Häufigkeiten eines visuell deutlichen SI-Anstiegs angegeben

Gruppe	Visuell deutlicher SI-Anstieg nach Gabe von			
	0,025	0,05	0,1	0,2
			[mmol Gd-DTPA/kg KG]	
1	2/11	–	11/11	–
2	–	7/11	10/11	–
3	–	–	9/11	11/11

Tabelle 3. Tumor-Hirn-Kontrast nach Gabe verschiedener Dosen Gd-DTPA. Die Werte sind als Häufigkeiten der verschiedenen visuellen Bewertungen des Tumor-Hirn-Kontrasts angegeben

Gruppe	Tumor-Hirn-Kontrast	Nativ	Visueller Tumor-Hirn-Kontrast nach Gabe von			
			0,025	0,05	0,1	0,2
			[mmol Gd-DTPA/kg KG]			
1	Deutlich hypointens	6	0	–	0	–
	Nicht deutlich	5	11	–	0	–
	Deutlich hyperintens	0	0	–	11	–
2	Deutlich hypointens	7	–	1	0	–
	Nicht deutlich	4	–	4	1	–
	Deutlich hyperintens	0	–	6	10	–
3	Deutlich hypointens	5	–	–	0	0
	Nicht deutlich	6	–	–	2	1
	Deutlich hyperintens	0	–	–	9	10

Tabelle 4. Tumorabgrenzbarkeit nach Gabe verschiedener Dosen Gd-DTPA. Die Werte sind als Häufigkeit einer diagnostisch ausreichenden Tumorabgrenzbarkeit angegeben

Gruppe	Nativ	Tumorabgrenzbarkeit nach Gaben von			
		0,025	0,05	0,1	0,2
			[mmol Gd-DTPA/kg KG]		
1	3/11	2/11	–	11/11	–
2	3/11	–	7/11	9/11	–
3	4/11	–	–	10/11	11/11

Verträglichkeit

Die Gabe von Gd-DTPA wurde von sämtlichen Patienten und in allen verwendeten Dosierungen ohne Begleiterscheinungen vertragen. Nach Untersuchungsende gaben alle Patienten ein im Vergleich zum Untersuchungsbeginn unverändertes Befinden an.

Diskussion

Die Abgrenzbarkeit und artdiagnostische Zuordnung kontrastmittelanreichernder Tumoren in der MRT kann durch Gabe von Gd-DTPA verbessert werden. Der diagnostische Zugewinn durch die Gd-DTPA-Gabe beruht i. allg. auf der direkten, im Vergleich zum umliegenden Hirngewebe hyperintensen Kontrastierung des Tumorgewebes. In der vorliegenden Untersuchung beruhte eine ungenügende Tumorabgrenzbarkeit nach Kontrastmittelgabe in der Regel auf einem mangelhaften Kontrast zwischen Tumor und Hirngewebe. Da im untersuchten Dosierungsbereich eine Dosiserhöhung stets einen SI-Anstieg erbrachte, erwies sich die diagnostische Wertigkeit der Kontrastmittelgabe als abhängig von der verwendeten Gd-DTPA-Dosis (Brasch 1983; Grodd u. Brasch 1986; Semmler et al. 1985).

Nach Gabe von 0,025 mmol Gd-DTPA/kg KG wurde nur in zwei Fällen ein deutlicher SI-Anstieg im Tumorgewebe beobachtet. Alle Tumoren kamen nach dieser Dosis isointens zur Darstellung (Abb. 1 a–c), so daß sich die Tumorabgrenzbarkeit in einigen Fällen sogar verschlechterte. Gut abgrenzbar blieben lediglich zwei Tumoren, die bereits nativ durch indirekte Zeichen abgrenzbar waren (ein Hypophysenadenom und ein Kavernom). Niendorf et al. (1987) berichteten ebenfalls nur in einem von 6 Fällen über einen diagnostischen Zugewinn gegenüber den nativen Aufnahmen bei dieser Dosierung. Zusammenfassend ist eine Dosis von 0,025 mmol Gd-DTPA/kg KG zur MRT-Diagnostik von Hirntumoren als unzureichend anzusehen.

Die Gabe von 0,05 mmol Gd-DTPA/kg KG erbrachte in dieser Studie unterschiedliche Ergebnisse für im Hirngewebe selbst lokalisierte Tumoren (intraaxiale Tumoren, z. B. Astrozytome, Glioblastome) und außerhalb des eigentlichen Hirnparenchyms gelegene intrakranielle Tumoren (extraaxiale Tumoren, z. B. Meningeome, Neurinome). 4 von 7 intraaxial gelegenen Tumoren (zwei Glioblastome und zwei Oligodendrogliome) zeigten nach dieser Dosis keinen deutlichen hyperintensen Tumor-Hirn-Kontrast und keine diagnostisch ausreichende Tumorabgrenzbarkeit (Abb. 2 a–c). Niendorf et al. (1987) berichteten nach Gabe dieser Dosis über diagnostisch nicht ausreichende Ergebnisse in 8 von 11 Fällen, bei ebenfalls überwiegend intraaxialer Lage der Tumoren. Generell kann eine Dosis von 0,05 mmol DTPA/kg KG in der MRT intrakranieller Tumoren daher nicht empfohlen werden.

Bei alleiniger Betrachtung der extraaxialen Tumoren dieser Dosisgruppe zeigten nach Gabe von 0,05 mmol Gd-DTPA/kg KG 3 von 4 Tumoren einen

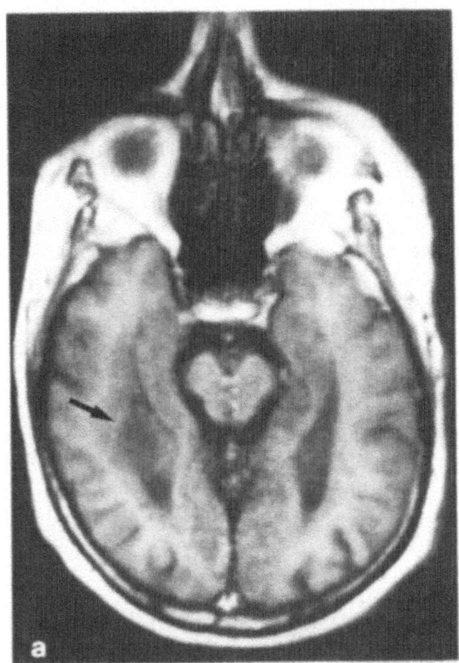

Abb. 1a–c. Vergleich der Dosen 0,025 und 0,1 mmol Gd-DTPA/kg KG. 72jähriger Patient mit klinisch-radiologisch belegten intrakraniellen Metastasen. **a** SE 400/30 nativ: Rechts temporal kann ein tumorverdächtiges Areal nachgewiesen werden (*Pfeil*), welches keinen deutlichen Kontrast zum Marklager aufweist und nur unzureichend abgrenzbar erscheint. **b** SE 400/30 nach 0,025 mmol Gd-DTPA/kg KG: Trotz geringfügigen SI-Anstiegs in der Raumforderung besteht kein deutlicher Tumor-Hirn-Kontrast und auch weiterhin nur eine unzureichende Tumorabgrenzbarkeit. **c** SE 400/30 nach 0,1 mmol Gd-DTPA/kg KG: Bei deutlichem SI-Anstieg im Tumor besteht jetzt ein deutlicher hyperintenser Tumor-Hirn-Kontrast der rechts temporalen Läsion und eine diagnostisch ausreichende Tumorabgrenzbarkeit. Ferner können weitere metastasenverdächtige Läsionen (*Pfeile*) nachgewiesen werden

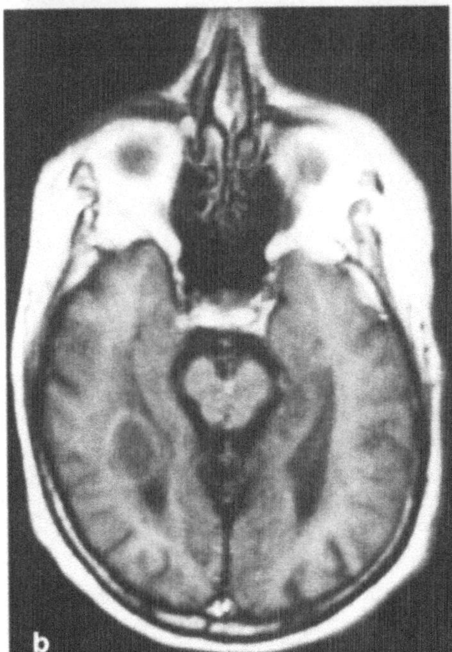

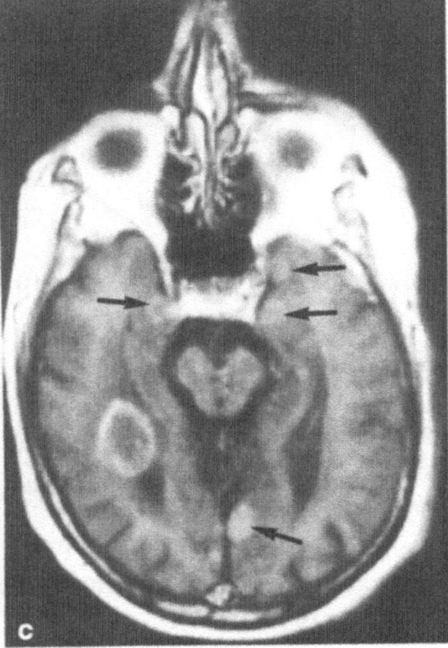

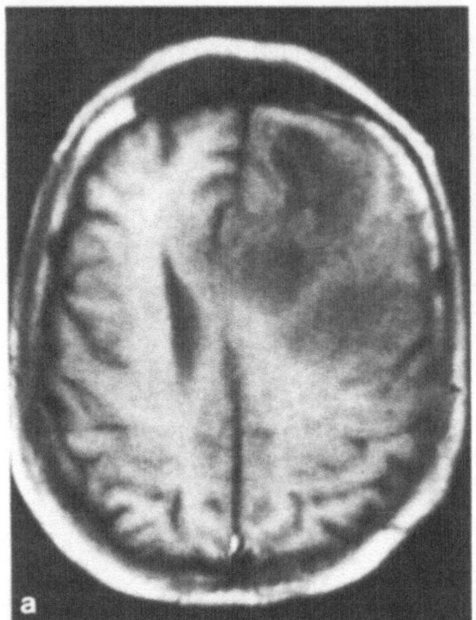

Abb. 2a–c. Vergleich der Dosen 0,05 und 0,1 mmol Gd-DTPA/kg KG. 64jährige Patientin mit histologisch gesichertem Glioblastom. a SE 400/30 nativ: Nativ weist der links frontale Tumor einen deutlichen hypointensen Kontrast zum Marklager auf, die Tumorabgrenzbarkeit ist jedoch unzureichend. b (SE 400/30 nach 0,05 mmol Gd-DTPA/kg KG: Nach geringfügigem SI-Anstieg im Tumor besteht kein deutlicher Kontrast zum Hirngewebe mehr. Unverändert ist die Tumorabgrenzbarkeit unzureichend. c SE 400/30 nach 0,1 mmol Gd-DTPA/kg KG: Es resultiert ein deutlicher SI-Anstieg im Tumor, ein deutlicher hyperintenser Tumor-Hirn-Kontrast und eine diagnostisch ausreichende Tumorabgrenzbarkeit

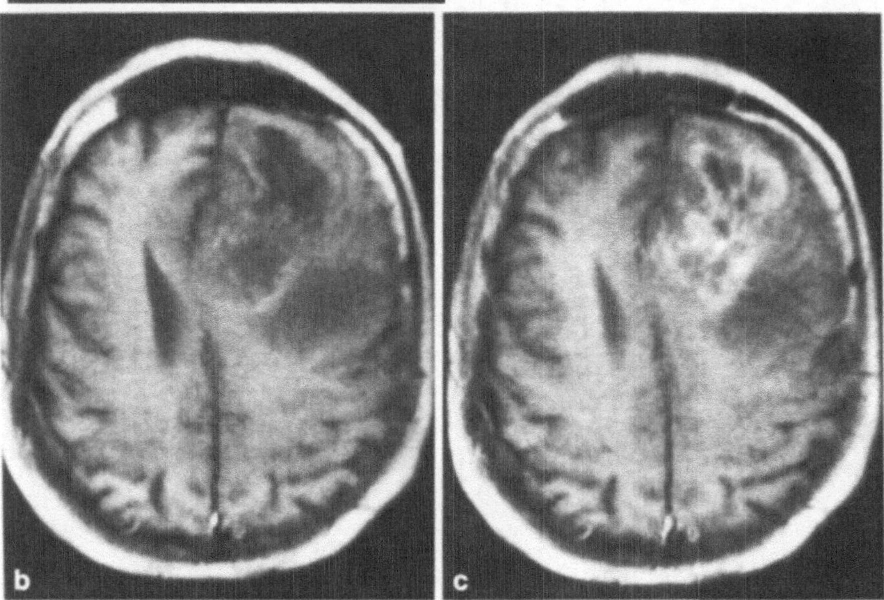

deutlichen hyperintensen Kontrast zum Marklager und alle 4 Tumoren waren diagnostisch ausreichend abgrenzbar (Abb. 3a–c). Allerdings wurden aus meßtechnischen Gründen nur Patienten mit größeren Tumoren in die Studie eingeschlossen. Große extraaxiale Raumforderungen sind oft bereits nativ ausreichend abgrenzbar, so daß die Kontrastmittelgabe hier wenig diagnostischen Zugewinn erbringt. Von großer Bedeutung ist die Kontrastmittelgabe

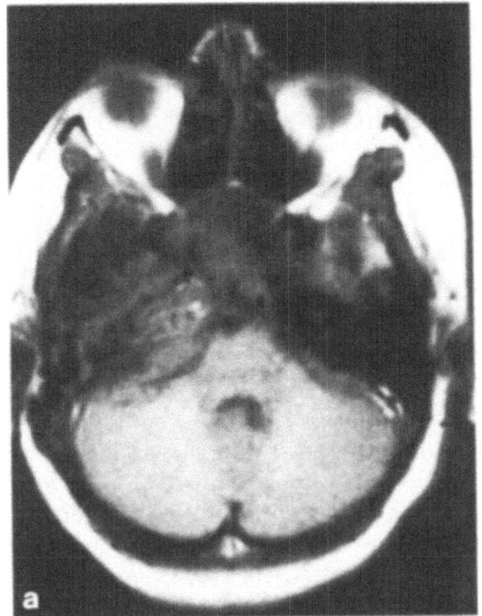

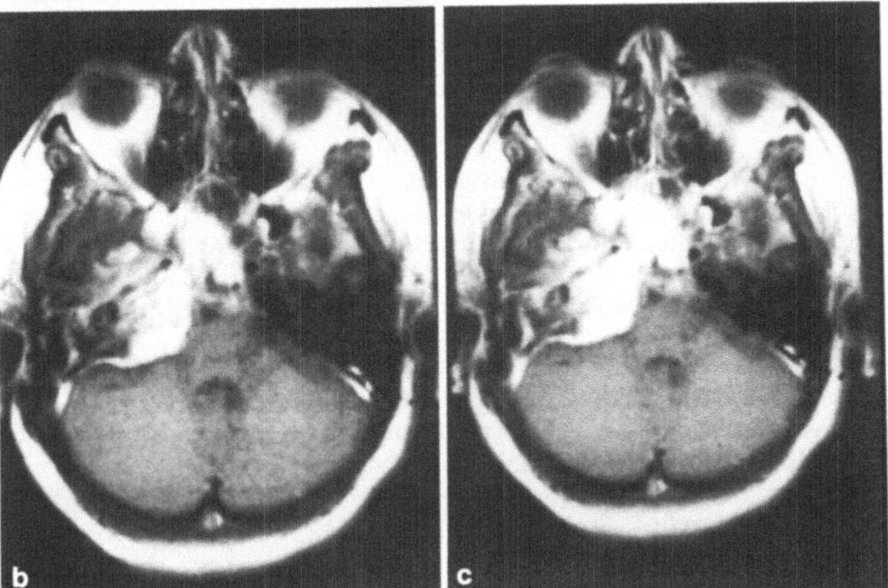

Abb. 3a–c. Vergleich der Dosen 0,05 und 0,1 mmol Gd-DTPA/kg KG. 44jährige Patientin mit histologisch gesichertem Meningeomrezidiv. **a** SE 400/30 nativ: Im Bereich der rechten Pyramide und des rechten Keilbeins kann eine Raumforderung mit deutlichem hypointensem Kontrast zum Hirnparenchym nachgewiesen werden. Die Tumorabgrenzbarkeit ist jedoch diagnostisch nicht ausreichend. **b** SE 400/30 nach 0,05 mmol Gd-DTPA/KG: Es zeigt sich ein deutlicher SI-Anstieg im Tumor und in infratentoriellen Durastrukturen sowie ein deutlicher hyperintenser Tumor-Hirn-Kontrast. Die Tumorabgrenzbarkeit ist diagnostisch bereits ausreichend. **c** SE 400/30 nach 0,1 mmol Gd-DTPA/kg KG: Zwar wird ein weiterer Anstieg der Signalintensität im Tumor und des Tumor-Hirn-Kontrasts beobachtet, ein diagnostischer Zugewinn gegenüber der Dosis von 0,05 mmol Gd-DTPA/kg KG (**b**) kann jedoch nicht erzielt werden

dagegen bei kleineren extraaxialen Tumoren, wie z. B. intrameatalen Akustikusneurinomen. Phantomstudien legen nahe, daß zum kernspintomographischen Nachweis kleinerer Läsionen höhere Tumor-Hirn-Kontraste (Droege et al. 1984) und damit wahrscheinlich höhere Kontrastmitteldosen als zum Nachweis größerer Tumoren erforderlich sind. Die Frage nach der klinischen Wertigkeit einer Dosis von 0,05 mmol Gd-DTPA/kg KG in der MRT-Diagnostik extraaxialer Tumoren kann daher nur durch weitere Untersuchungen an kleineren, nativ schlecht abgrenzbaren Tumoren beantwortet werden.

Generell wurde in der vorliegenden Studie nach Gabe von 0,1 mmol Gd-DTPA/kg KG ein deutlicher SI-Anstieg und eine gute Tumorabgrenzbarkeit erzielt (Abb. 1–3). Nur 3 von insgesamt 33 Tumoren zeigten nach einer Dosis von 0,1 mmol Gd-DTPA/kg KG keine ausreichende Abgrenzbarkeit (1 Astrozytom, 1 Oligodendrogliom, 1 Clivus-Chordom). Niendorf et al. (1987) beschrieben nach Gabe dieser Dosis ebenfalls überwiegend zufriedenstellende Ergebnisse. Insgesamt kann eine Dosis von 0,1 mmol Gd-DTPA/kg KG zur MRT-Diagnostik intrakranieller Tumoren empfohlen werden.

Eine Erhöhung der Dosis auf insgesamt 0,2 mmol/kg KG erbrachte in der vorliegenden Untersuchung nur in einem von 11 Fällen einen diagnostischen Zugewinn gegenüber der Gabe von 0,1 mmol Gd-DTPA/kg KG. Stack et al. (1988) fanden keinen signifikanten Unterschied in der diagnostischen Wertigkeit der Dosen 0,1 und 0,2 mmol Gd-DTPA/kg KG. Niendorf et al. (1987) beschrieben in einem von fünf Fällen eine diagnostische Befunderweiterung. Bei unzureichender Abgrenzbarkeit kontrastmittelanreichernder Tumoren kann eine Ergänzungsdosis auf insgesamt 0,2 mmol Gd-DTPA innerhalb von 30 min nach der Erstinjektion erwogen werden.

Empfehlungen

- In der MRT-Diagnostik intrakranieller Tumoren führt eine Dosis von 0,1 mmol Gd-DTPA/kg KG in der Regel zu diagnostisch befriedigenden Ergebnissen und kann für die klinische Routine empfohlen werden.
- Bei unzureichender Abgrenzbarkeit kontrastmittelanreichernder Tumoren kann eine Ergänzungsdosis auf insgesamt 0,2 mmol Gd-DTPA/kg KG erwogen werden.
- Dosen von 0,025 oder 0,05 mmol Gd-DTPA/kg KG bringen in der Diagnostik intrakranieller Tumoren keinen bzw. nur in speziellen Fällen einen diagnostischen Gewinn gegenüber der nativen MRT und werden daher für den Einsatz in der klinischen Routine nicht empfohlen.

Literatur

Brant-Zawadzki M, Berry I, Osaki L, Brasch R (1986) Temporal evolution of Gd-DTPA contrast enhancement of intracranial lesions viewed with magnetic resonance imaging. In: Runge VM, Claussen C, Felix R, James AE (eds) Contrast agents in magnetic resonance imaging. Excerpta Medica, Amsterdam, pp 118–120
Brasch RC (1983) Work in progress: methods of contrast enhancement for NMR imaging and potential applications. Radiology 147:781–788
Carr DH, Brown J, Bydder GM, Weinmann HJ, Speck U, Thomas DJ, Young IR (1984) Clinical use of intravenous Gadolinium-DTPA as a contrast agent in NMR imaging of cerebral tumors. Lancet 2:484–486

Droege RT, Wiener SN, Rzeszotarski MS (1984) A strategy for magnetic resonance imaging of the head: Results of a semi-empirical model (part II). Radiology 153:425–433

Elster AD, Moody DM, Ball MR, Laster DW (1989) Is Gd-DTPA required for routine cranial MR imaging? Radiology 173:231–238

Felix R, Schörner W, Laniado M, Niendorf HP, Claussen C, Fiegler W, Speck U (1985) Brain tumors: MR imaging with Gadolinium-DTPA. Radiology 156:681–688

Grodd W, Brasch RC (1986) Magnetopharmazeutische Kontrastveränderungen in der Kernspintomographie. ROFO 145:130–139

Haustein J, Niendorf HP, Schubeus P et al. (1990) Dosage of Gd-DTPA: new results. In: Bydder G, Felix R, Bücheler E, Drayer BP, Niendorf HP, Takahashi M, Wolf KJ (eds) Contrast media in MRI. Medicom Europe, Bussum, pp 41–49

Hesselink JR, Healy ME, Press GE, Brahme FJ (1988) Benefits of Gd-DTPA for MR imaging of intracranial abnormalities. J Comput Assist Tomogr 12:266–274

Niendorf HP, Laniado M, Semmler W, Schörner W, Felix R (1987) Dose administration of Gadolinium-DTPA in MR imaging of intracranial tumors. AJNR 8:803–815

Schörner W, Felix R, Claussen C, Fiegler W, Kazner E, Niendorf HP (1984) Kernspintomographische Diagnostik von Hirntumoren mit dem Kontrastmittel Gadolinium-DTPA. ROFO 141:511–516

Schörner W, Laniado M, Niendorf HP, Schubert C, Felix R (1986) Time dependent changes of image contrast in brain tumors after Gadolinium-DTPA. AJNR 7:1013–1020

Semmler W, Laniado M, Felix R (1985) Der Einfluß von Kontrastmitteln auf die Grauabstufung in der magnetischen Resonanztomographie. ROFO 142:123–130

Stack JP, Antoun NM, Jenkins JPR, Metcalfe R, Isherwood I (1988) Gadolinium-DTPA as a contrast agent in magnetic resonance imaging of the brain. Neuroradiology 30:145–154

Phlebographie – Qualitätssicherung bei der Kontrastmitteldarstellung

J. Weber

Für die Darstellung des Venensystems in den verschiedenen Gefäßprovinzen der oberen und unteren Extremitäten sowie im Stammvenenbereich der oberen und unteren Hohlvene und ihrer Zuflüsse haben sich eine Reihe von Phlebographietechniken eingebürgert (Tabelle 1).

Im Bereich des unteren venösen Niederdrucksystems ergeben sich – verglichen mit den anderen Gefäßprovinzen – spezielle Darstellungsprobleme, welche einmal durch den langsamen Blutfluß, die dadurch verursachten zahlreichen Flußartefakte aus nichtkontrastierten venösen Zuflüssen und insbesondere aus der Beeinflußbarkeit durch den orthostatischen Druck resultieren. Für die Darstellung im Beinbereich spielt ferner die funktionelle Trennung von tiefgelegenen subfaszialen Leit- und Muskelvenen einerseits, den epifaszialen Saphenastammvenen und ihren Seitenästen andererseits, schließlich ihrer Mündungen (Krossen) und der transfaszialen Perforansverbindungen eine besondere pathophysiologische Rolle. Die phlebographischen Untersuchungstechniken müssen diese Faktoren in angemessener Weise berücksichtigen.

Mit der *aszendierenden Bein- und Beckenphlebographie* haben May und Nißl 1959 eine dynamische Untersuchungsmethode eingeführt, die am Kipptisch eines Röntgenzielgeräts durchgeführt als „Phleboskopie mit Zielaufnahmen" morphologische und funktionelle Befunde erfassen kann [4]. Eine besondere Bereicherung dieses Darstellungsverfahrens hat Hach mit der Integration des Valsalva-Preßversuches als routinemäßigen Bestandteil der *aszendierenden Preßphlebographie* erreicht [2]. Damit kann gezielt die Klappenfunktion im

Tabelle 1. Gefäßprovinzen und Darstellungsverfahren

I. Bein-Becken-Phlebographie
  a) Aszendierende Preßphlebographie
  b) Varikographie

II. Becken- und Abdominalphlebographie
  a) Transfemorale Nadelvenographie
  b) Kathetertechniken ante- und retrograd
  c) Ballon-Okklusionsvenographie

III. Arm- und Subclaviaphlebographie
  a) Phleboskopie mit Ablaufserien
  b) Phleboskopie mit Standserien
  c) Funktionsphlebographie (TIS)

Tabelle 2. Aszendierende Preßphlebographie

Standardisierte Untersuchungstechnik
- Kipptischlagerung: 30 – 45°
- Periphere Fußvenenpunktion
- Entlastung des zu untersuchenden Beines
- Tourniquet (Stauschlauch)-Knöchel-Kompression
- Bein-Innen-/Außenrotation
- Valsalva-Preßversuch

Standardisierte Dokumentationstechnik
- Phleboskopie mit Zielaufnahmen (May/Nissl)
- Kassettentechnik (30 × 40, 35 × 35, dreigeteilt)
- Überlappende Befunddokumentation
- Übertisch-Röhrenanordnung: FF 1,0 – 1,50 m (Normalfokus)
- Untertisch-Röhrenanordnung: FF 0,75 m (Feinfokus bis Mitte Oberschenkel)
- Film – Folien-Kombination: Seltene Erden 200/Crurix Ortho medium
- Instrumentarium: 21er Nadel-Butterfly, 80 cm Schlauch, 2 – 3 20,0-ml-Plastik-Spritzen, NaCl-Spülflüssigkeit
- Kontinuierliche Handinjektion
- Überlagerungsfreie Darstellung, ggf. in 2 Ebenen (möglichst nur einmal Innen-/Außenrotation)
- „Second look": Nachdurchleuchtung, ggf. Dokumentation von Ober- und Unterschenkel

Bereich der Leitvenen, der Saphenakrossen und in gewissem Umfang auch die Funktion der Perforansvenen geprüft werden (deren physiologische Abfluß-richtung transfaszial von der Oberfläche in den subfaszialen Raum führt).

Durch den Kontrastmittelreflux in eine epifasziale Stammvene oder deren Seiten- und Nebenäste lassen sich die von Madelung beschriebenen sog. „Privatkreisläufe" als wesentlicher Bestandteil der Varikose in Ausdehnung und Funktion erfassen und beschreiben. Die von Ratschow bereits 1930 publizierte *Varikographie* ergänzt in der von Mignon bechriebenen Untersuchungstechnik die aszendierende Darstellung und optimiert die Untersuchungsergebnisse im Hinblick auf Vollständigkeit und klare Dokumentation [6, 8].

Die *Untersuchungstechnik* der *aszendierenden Preßphlebographie* wird durch die in Tabelle 2 aufgeführten Kriterien charakterisiert. Eine möglichst periphere Venenpunktion (V. hallucis dorsalis) und die routinemäßige Verwendung eines Tourniquets (Kompressionsstauschlauch) zur Knöchelkompression führen in Verbindung mit der Entlastung des zu untersuchenden Beines zu einer gezielten, ausschließlichen oder vorrangigen Kontrastmittelfüllung der subfaszialen Leitvenen am Bein. Damit können unphysiologische Abflußrichtungen durch Reflux über Perforansvenen oder die Saphenakrossen – spontan oder unter dem Valsalva-Preßversuch – erkannt und dokumentiert werden. Die Untersuchung beginnt zweckmäßigerweise mit einer Bein-Innenrotation (verbesserte Darstellung der hinteren Bogenvene und der mit ihr kommunizierenden Perforansverbindungen der Unterschenkelinnenseite) und wird ab Darstellung der V. poplitea in Außenrotation fortgesetzt. Eine 2-Ebenen-Dokumentation aller Bein-Becken-Venenabschnitte ist nur in Ausnahmefällen erforderlich.

Das *einmalige* Drehen des Beines von einer Innen- in eine Außenrotation hilft, erhebliche Kontrastmittelmengen einzusparen und zugleich unübersichtliche Refluxverhältnisse zu vermeiden. Das verwandte Kontrastmittel kann gezielt für die Prüfung der Leitvenenklappen und der Verbindungen zum epifaszialen Raum (Krossen und Vv. perforantes) genutzt werden.

Das Bandagieren des zu untersuchenden Beines beim Varikosesyndrom und ein zusätzlich höher gelegener Kompressionsstauschlauch stellen eine fast immer unnötige funktionelle Beeinträchtigung der Preßphlebographie dar; auf sie kann verzichtet werden.

Die *Varikographie* (Tabelle 3) kann als Detail- oder Übersichtsvarikographie im interessierenden Varikosebereich als *ergänzendes Verfahren* eingesetzt werden. Sie läßt sich direkt oder in einer weiteren Sitzung der aszendierenden Preßphlebographie anschließen, so daß die erhobenen Befunde synoptisch gelesen und gedeutet werden können. Die Wahl des Punktionsortes richtet sich nach dem „einzukreisenden" Befund. Durch kleine Kippbewegungen mit dem Röntgenzielgerät (Kipptisch) läßt sich eine den Hauptvarikosebefunden folgende Kontrastmittelverteilung ante- und retrograd erreichen. Sie macht die von Brunner und Pouliadis geforderte retrograde Preßphlebographie durch Femoralisdirektpunktion [1] entbehrlich.

Die *Dokumentationstechnik* der aszendierenden Preßphlebographie hängt von der Untersuchungsanordnung, d. h. auch von der Wahl des Röntgenzielgerätes ab. Bei Übertisch-Röhrenanordnung sind günstige Film-Fokus-Abstände von 1,0–1,5 m gegeben. Mit dem Normalfokus kann eine übersichtliche, scharfkonturierte Gefäßdarstellung erreicht werden. Bei der Untertisch-Röhrenanordnung, wie sie sich bei den wohl meist verwandten Zielgeräten für die Magen-Darm-Diagnostik ergibt, ist ein Vergrößerungsfaktor infolge des geringen Film-Fokus-Abstands von etwa 0,75 m maximal mit einer gewissen Qualitätseinbuße in der Zeichenschärfe des Röntgenbildes verbunden. Außerdem können nur kleinere Gefäßabschnitte dokumentiert werden. Mit Hilfe einer überlappenden Dokumentation und unter Verwendung des Feinfokus bis Mitte Oberschenkel können diese Nachteile jedoch teilweise ausgeglichen werden. Eine geeignete Film-Folien-Kombination erlaubt den Ausgleich zwischen hohen Kontrasten im Bereich der subfaszialen Leitvenen, der tangential dargestellten epifaszialen Gefäße der Saphenasysteme und dem hohen Kontrastsprung bei der Darstellung zwischen Oberschenkel und Beckenvenen/untere Hohlvene im Abdominalraum.

Tabelle 3. Varikographie

– Kipptisch, „Phleboskopie mit Zielaufnahmen"
– Kassettentechnik (30 × 40, 35 × 35, 3geteilt)
– Detail- oder Übersichtsvarikographie, je nach Lokalisation und Ausdehnung des Befundes
– Instrumentarium: 21-G-Butterfly, 20,0-ml-Plastikspritze
– KM-Konzentration: 150 mg J/ml. Nichtionisches KM 300 mg J/ml 1:1 mit NaCl verdünnt
– Kontrastierung möglichst durch Kipptischbewegungen, ohne Valsalva-Manöver (Überlagerungen)

Sowohl bei der Übertisch- wie auch bei der Untertisch-Röhrenanordnung hat sich vor allem die Kassettentechnik mit 3geteiltem Großformat bewährt. Die bezüglich Strahlenbelastung und vom Materialverbrauch her günstige Mittelformattechnik mit der 100 × 100-mm-Kamera findet nur selten Verwendung. Wir bevorzugen die Kassettentechnik, um die *Übersicht* über die Vielzahl von Befunden zwischen Krossen und Vv. perforantes und die Kollateralwege didaktisch optimal demonstrieren zu können.

Die Abbildung vom Fußrist (unterhalb des Knöchelstaus) bis zur Cava-inferior-Zumündung mit ausreichender Detailerkennbarkeit der Venen der Beckenetage (und eventueller Kollateralwege) ist unverzichtbarer Bestandteil der Röntgenbilddokumentation. Eine zügige Injektionstechnik – wir bevorzugen eine Handinjektion mittels einer 21-G-Butterfly – erlaubt eine kontrastmittelsparende Untersuchung, bei der die Perforansinsuffizienzen am Unterschenkel früh dokumentiert sein müssen, soll eine störende Überlagerung vermieden werden. Vorschläge zum strategischen Vorgehen ergeben sich aus Abb. 1.

Von besonderer Bedeutung ist in der Varikose- und Thrombosediagnostik der „*second look*", d.h. eine Nachdurchleuchtung, ggf. auch Dokumentation der epifaszialen Ober- und Unterschenkelvenen sowie der Restfüllung im Leit- und Muskelvenenbereich nach antegrader Darstellung bis zum Becken. Damit lassen sich vor allem die Ausdehnung der deszendierenden Stammvarikose der Saphenasysteme, Seitenastvarizen und die sog. Rezirkulationskreisläufe (Hach, Salzmann) darstellen und für die Therapieplanung bewerten (Abb. 2).

Die *Kontrastmittelwahl* (Tabelle 4) ist für die Bildqualität und damit die Güte der Dokumentation, aber auch für die schonende, komplikationsarme Untersuchung von entscheidender Bedeutung. Mit der Entwicklung von niedrig-osmolalen, nichtionischen Kontrastmitteln (Iopamidol, Iohexol und Iopromid) haben sich die Risiken der bislang als „invasiv" bewerteten phlebographischen Darstellung wesentlich reduzieren lassen. Vor allem die niedrige Osmolalität (610–690 mosm/kg H_2O) reduziert das Risiko einer direkten Venenwand- und Taschenklappenschädigung (infolge der relativ langen Verweildauer des Kontrastmittels in varikös erweiterten oder durch Thrombose geblockten Gefäßabschnitten) ganz erheblich. Demzufolge konnte auch die

Tabelle 4. Röntgenkontrastmittel zur Phlebographie

Auswahlkriterien
- Niedrige Allgemeintoxizität
- Niedrige Lokaltoxizität (Venenwand, Taschenklappen)
- Niedrige Thrombogenität
- Leichte Injektabilität
- Guter Kontrast

Gütekriterien nichtionischer monomerer KM
- Niedrige Osmolalität: 610–690 mosm/kg H_2O
- Niedrige Viskosität: 4,5–5,5 mPa · s (37°)
- Jod-Konzentration: 300 mg J/ml

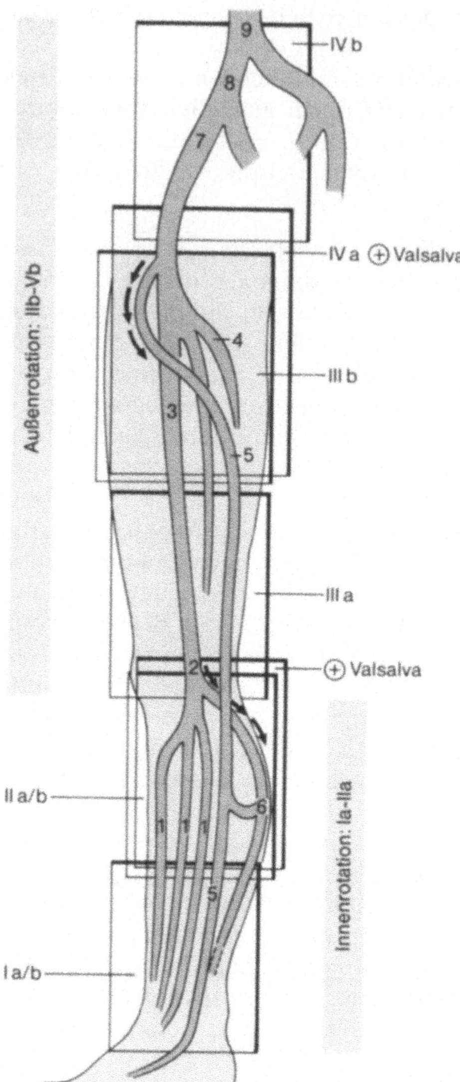

Abb. 1. Strategie und Dokumentation bei der aszendierenden Preßphlebographie. Routinemäßiger Einsatz des Valsalva-Preßversuchs zur Prüfung der Klappensuffizienz von Leitvenen, Vv. perforantes und Krossen der Saphena-Stammvenen. (Aus Weber und May [10])
Dokumentation mit Filmformat 30 × 40 (zweigeteilt); überlappende Dokumentation. Innenrotation (*I–IIa*). Außenrotation (*IIb–Vb*). Valsalva-Preßversuch auf Kniekehlen- und Leistenhöhe. Kipptischstellung 45° (*I–IV*). 5° („second look") (*V*).
1 Leitvenen, Unterschenkel. *2* V. poplitea. *3* V. femoralis superficialis. *4* V. femoralis profunda. *5* V. saphena magna. *6* V. saphena parva. *7* V. iliaca externa. *8* V. iliaca communis. *9* V. cara inferior

Thrombogenität deutlich reduziert werden. Für die Injektabilität ist eine niedrige Viskosität mit Werten von 4,5–5,5 mPa · s bei einer Raumtemperatur von 37 °C vorteilhaft. für die Kontrastgüte in den Abschnitten Bein, Becken und Abdomen sind geeignete *Jodkonzentrationen* wichtig: Wir halten eine Konzentration von 300 mg J/ml für optimal, weil damit eine differenzierbare Darstellung im Bereich der Leitvenen des Beines und der Beckenvenenetage gesichert werden kann. Andere Autoren befürworten niedrigere Konzentrationen (210–250 mg J/ml) und meinen, damit Überlagerungseffekte an den Unterschenkelleitvenen besser differenzieren zu können [3].

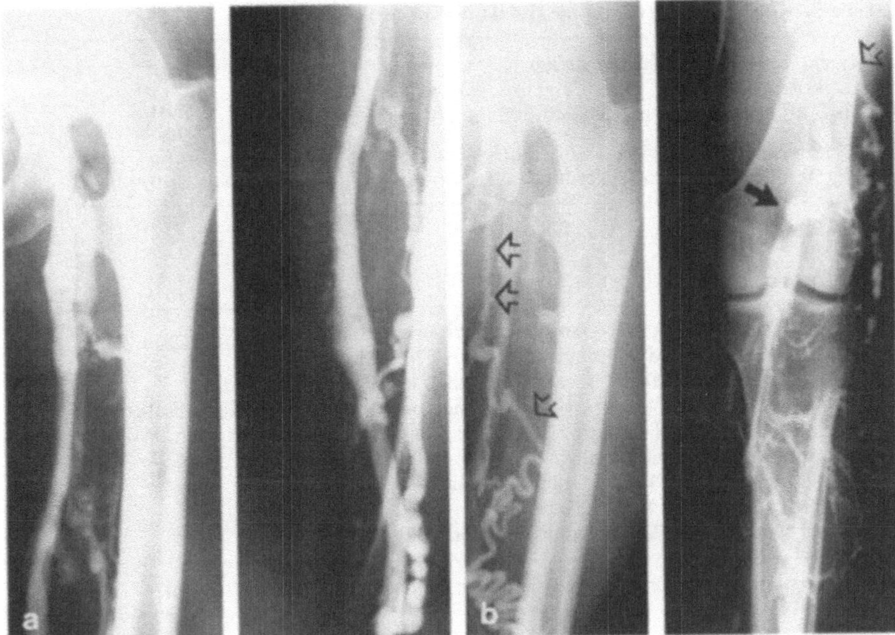

Abb. 2a, b. Aszendierende Preßphlebographie, „second look".
a In der aszendierenden Darstellung erweist sich die Krosse der V. saphena als insuffizient.
b Unter Valsalva-Preßversuch kommt es zum Reflux in die inguinal zumündende V. saphena accessoria lateralis (⇨); Verbindung zur Parvakrosse (➡)

Für die aszendierende Preßphlebographie werden von uns *KM-Volumina* von 50–70 ml je Bein (Varikosediagnostik) und 70–100 ml je Bein (Thrombosediagnostik) auch bei ausgedehnten Befunden für ausreichend angesehen. Ein Maximalvolumen von 300 ml sollte pro Untersuchung nicht überschritten werden, wobei als kritisches Organ die Nieren und ihre Funktion weiterhin nicht überlastet werden sollten.

Für die Varikographie eignet sich eine Verdünnung der o. g. Konzentration auf 150 mg J/ml, die durch eine 1:1 Verdünnung mit physiologischer Kochsalzlösung (oder Aqua dest.) einfach erreicht werden kann (Tabelle 5).

Unter dem Aspekt einer potentiellen KM-Toxizität und -schädigung sind auch *Vor- und Nachsorge* Teile der Qualitätssicherung der Untersuchungsmethode (Tabelle 6).

In jedem Falle ist eine sorgfältige Allergie- und Schwangerschafts- sowie Schilddrüsenanamnese zu erheben. Bei bekannten Risikofaktoren ist das Ausweichen auf ein alternatives Diagnoseverfahren, im Rahmen der *Varikosediagnostik* z. B. auf einen der apparativen Funktionstests (Doppler-Plethysmographie, blutige Venendruckmessung) oder im Falle der *Thrombosediagnostik* auf eine Isotopen-Sequenz-Phlebographie mit kombinierter Lungenszintigraphie empfehlenswert.

Tabelle 5. Kontrastmittelvolumina zur Bein-Becken-Phlebographie

---

a) Aszendierende Preßphlebographie:
   Varikose: 50–70 ml, je Bein 300 mg J/ml
   Thrombose: 70–100 ml, je Bein 300 mg J/ml

b) Varikographie (Übersicht und Selektiv-Varikographie):
   30–50 ml, 150 mg J/ml (Verdünnung: 1:1, KM 300 mg J/ml: NaCl-Lösung)

Tabelle 6. Vor- und Nachsorge

- Allergie-, Schwangerschafts- und Schilddrüsenanamnese
- Bei Risikofaktoren: Abwägung alternativer Diagnoseverfahren
- Bei KM-Überempfindlichkeit und Allergieanamnese: Prämedikation
- Warmwasserbad vor Venenpunktion vermeidet orthostatischen Kreislaufkollaps
- Nachspülen mit NaCl-Lösung
- Tourniquet so kurz wie möglich
- Kopftieflagerung (−5°) nach Phlebographie
- Pflasterdruckverband für 1 h
- Laufen lassen, bzw. Fußbewegungen bei Bettlägerigen

Wir verwenden normalerweise kein Heparin und keine Bandagen

Die Prämedikation mit H_1- und H_2-Rezeptorenblockern sowie mit Kortikoiden halten wir nur bei gesicherter Allergieanamnese und einem damit definierten erhöhten Anaphylaxierisiko gegenüber Jodträgersubstanzen für indiziert.

Oft wird unter dem Begriff „Jodallergie" eine *orthostatische Kollapsneigung* fehlgedeutet. Sie tritt bei Mehrfachpunktion häufig auf und kann durch kurzzeitiges Kopftieflagern auf dem Röntgenzielgerät rasch aufgefangen werden. Um eine schmerzarme, insbesondere, um eine Mehrfachpunktion der Fußrückenvene zu vermeiden, empfiehlt sich das Aufwärmen des Fußes vor Punktion in einem Warmwasserbad.

Das Tourniquet sollte als Knöchelkompression so kurz wie möglich angelegt werden. Wir öffnen es nach Injektion des Kontrastmittels und ergänzen die Nachsorge durch Kopftieflagerung (während die Röntgenaufnahmen entwickelt werden) und kurze Kochsalznachspülung. Zur Nachsorge rechnen wir auch einen Pflasterdruckverband für 1 h und die Aufforderung an ambulante Patienten, nach der Untersuchung 20 min zu laufen. Bei bettlägerigen Patienten empfehlen wir Fußbewegungen zur Unterstützung der venösen Zirkulation.

Auf die Medikation mit Heparin und ein routinemäßiges Bandagieren haben wir wegen der damit verbundenen Nebeneffekte und Nachteile seit Jahren verzichtet, ohne daß Komplikationen bekannt geworden wären.

Selbstverständlich ist für eine rasche Ausscheidung des Kontrastmittels und eine verbesserte Diurese durch vermehrtes Trinken am Untersuchungstag Sorge zu tragen.

Als *Qualitätsmerkmale* einer technisch einwandfrei durchgeführten Bein-Becken-Phlebographie werten wir vor allem eine schmerz- und komplikationsarme Untersuchung, ferner eine einwandfreie Untersuchungstechnik nach o. g. Kriterien, bestehend aus kurzen Durchleuchtungszeiten, einer adäquaten (und nicht zu sparsamen) Bilkddokumentation, der Verwendung kleiner KM-Volumina und der damit erzielten ausreichenden Kontrastgüte in allen Gefäßabschnitten. Auch eine adäquate Befundung zählt dazu.

Als Qualitätsmerkmale einer optimalen Phlebographie-Dokumentation unterscheiden wir *allgemeine* Kriterien und *spezielle* Maßstäbe für die Varikose- und Thrombosediagnostik:

Allgemeine Kriterien (Tabelle 7)

Die aszendierende Bein-Becken-Phlebographie muß eine überlagerungsfreie klare Darstellung des Leitvenensystems in allen Beinabschnitten sowie eine übersichtliche Darstellung der Beckenvenen-Abflußstrecke erreichen, um eine verbindliche Aussage in der Differenzierung zwischen *primärer* und *sekundärer* Varikose (= Thrombosesyndrom) zu ermöglichen. KM-Flußartefakte müssen als solche eindeutig identifizierbar sein und gegenüber Thrombosebefunden abgegrenzt werden können, was methodisch nur mit der ,,Phleboskopie mit Zielaufnahmen" (May, Nißl) realisierbar ist. Sub- und epifasziale Beinvenen sollen ,,gezielt" kontrastiert sein, d. h. daß die Abflußrichtung mittels Lagerung und Einsatz des Kompressionsstauschlauches zu den Leitvenen Vorrang hat. Damit können unphysiologische ,,Refluxe" über insuffiziente Perforantes (,,Schlüsselperforantes", s. May [5]) und Krosseninsuffizienzen der epifaszialen Sammelvenen klar definiert werden. Eine klare Aussage über die Beckenvenenabflußsituation ist ebenfalls Bestandteil der Unersuchung, da Bein- und Beckenetage als eine morphologische und funktionelle Einheit aufzufassen sind [2, 4, 10]. Befunde wie die Darstellung von Kollateralen, Venenanomalien, Beckenvenensporn etc. verursachen bzw. beeinflussen sowohl das periphere Varikosesyndrom als auch die für die linke Seite typische Prävalenz von Bein-Becken-Venenthrombosen.

Tabelle 7. Qualitätsmerkmale, allgemeine Kriterien

1) Überlagerungsfreie Darstellung der Leitvenen mit
2) Klarer Aussage: Primäre oder sekundäre Wirkung
3) KM-Flußartefakte müssen identifizierbar sein (DD: Thrombose)
4) Sub- und epifasziale Venen müssen ,,gezielt" kontrastiert und in ihrer Abflußrichtung erkennbar sein
5) Der Beckenvenenabfluß zur unteren Hohlvene muß beurteilbar sein

Varikosediagnostik (Abb. 3, Tabelle 8)

Die Beteiligung der *Leitvenen* am Prozeß der Varikose (Gefäßerweiterung, Klappenreduktion und Insuffizienz) soll in allen Abschnitten dargestellt sein. Es lassen sich auf diese Weise die Kriterien der Leitveneninsuffizienz („Leitvenenatonie") in den Graden I–III definieren, welche sich im Rahmen der primären Varikose entwickeln und durch Rezirkulation zusätzlich zur Dekompensation gebracht werden. Auch die Beteiligung der subfaszialen Muskelvenen (Vv. solei, Vv. gastrocnemii) müssen als Teil dieser Insuffizienz des tiefen Venensystems erfaßt und beschrieben werden. Suffizienz oder Insuffizienz der Krossen der Saphenastämme sind über Spontanreflux oder mit Hilfe des Valsalva-Preßversuches zu dokumentieren. Auf diese Weise lassen sich die Grade der Stammvenenvarikose bei „deszendierendem Typ" (Hach), aber auch bei der inkompletten Varikose vom Perforanstyp mit „aszendierender und deszendierender Varikosetendenz" (Weber) genau bestimmen.

Insbesondere der Nachweis der *Perforansinsuffizienzen* ist entscheidend von der gewählten Untersuchungstechnik und der Bildqualität in der Dokumentation abhängig: Nur die unphysiologische Abflußrichtung durch Reflux aus dem Leitvenensystem kann als ein einwandfreies Kriterium für den Nachweis einer an der Varikosedysfunktion beteiligten „Schlüsselperforans" (May) im Rahmen der venösen Insuffizienz gewertet werden [5].

Im „*second look*" sind die Vernetzungen zwischen Krossen- und Perforansinsuffizienzen im Sinne von „Rezirkulationskreisläufen" (Hach, Salzmann) ergänzend bewertbar.

Bestimmte Grenzbereiche in der aszendierenden phlebographischen Darstellung lassen sich durch „*Einkreisungstechnik*" ergänzend darstellen, wenn die klinische Inspektion eine Diskrepanz zwischen phlebographischem Befund und vorhandener Varikose aufzeigt. Dies gilt insbesondere für die Oberschenkelseitenastvarikose, für Perforansinsuffizienzen der Ober- und Unterschenkelaußen- bzw. -rückseite und für die subfasziale Parvavarikose. Mit Hilfe der *Varikographie* können diese Bereiche abgedeckt werden; sie optimiert die phlebographische Ausbeute bei den o. g. Indikationen oft ganz entscheidend.

Zusätzliche Auskünfte über die *funktionelle Schädigung* des peripheren Venensystems ergeben sich durch die Bestimmung der Grade der peripheren chronisch-venösen Insuffizienz (CVI) mittels *Phlebodynamometrie* [7]. Diese

Tabelle 8. Qualitätsmerkmale, Varikosesyndrom

---

1) Bewertbarkeit der Leitvenen: Stadien der Leitvenenatonie: I–III
2) Die Krossen der Saphenastämme wurden auf KM-Reflux geprüft (Valsalva-Preßversuch)
3) Die Vv. perforantes sind bewertbar: KM-Abflußrichtung, Reflux („Schlüsselperforantes" nach May)
4) Der phlebographische Befund deckt sich mit dem klinischen Bild
5) Anderenfalls „Einkreisungstechnik" durch Varikographie erforderlich
6) Die Dokumentation und Befundung erlaubt ein „Operieren nach dem Röntgenbild" (Hach)

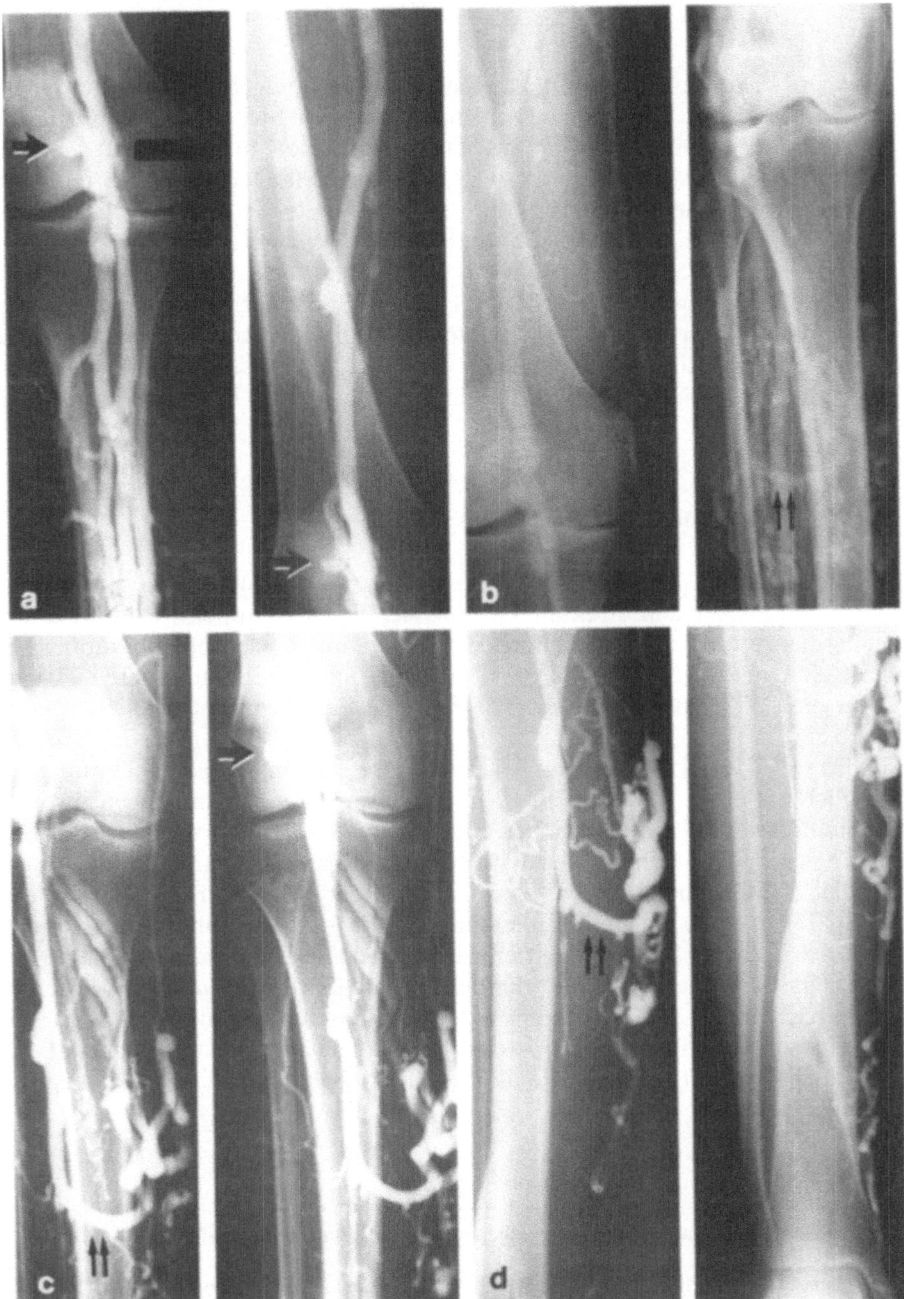

Abb. 3a–d. Phlebographie bei Varikose. **a** In der aszendierenden Preßphlebographie ergeben sich nur mäßige primär-variköse Veränderungen der Leitvenen. Insuffiziente Krosse der V. saphena parva (➡). **b** Im „second look" intakte V. saphena magna, Insuffizienz am Gastrocnemiuspunkt. Keine weitere Aussage über die Parvavene möglich. **c, d** Varikographie: Nach Punktion am Gastrocnemiuspunkt stellt sich antegrad die subfasziale Parvavarikose bis zur Krosse dar. Variköse Schleife zum Gastrocnemiuspunkt (⇄). Bei Aufrichten des Kipptisches kommt auch eine epifasziale Varikose bis zum Knöchel zur Darstellung. Parvavarikose, Stadium III°

periphere Venendruckmessung kann am Röntgen-Zielgerät in einfacher Weise das Phlebogramm ergänzen, wenn die Punktionsnadel im Anschluß an die phlebographische Darstellung als Druckabnehmer für eine seitenvergleichende Druckmessung benutzt wird. Damit verlängert sich die Untersuchungszeit nur unerheblich [9].

Als optimal ist die phlebographische Bilddokumentation bei der Varikosediagnostik dann zu bewerten, wenn nach Hach ein „Operieren nach dem Röntgenbild" möglich ist [2]. Dies schließt auch die gezielte Aussparung von noch intakten Venensegmenten von der chirurgischen Revision ein. Auf diese Weise können u. U. für den Patienten wertvolle Venenabschnitte als autologes Transplantationsmaterial (z. B. für den aortokoronaren Bypass) erhalten bleiben.

Thrombosediagnostik (Tabelle 9, Abb. 4)

In der *Thrombosediagnostik* ist vor allem die Abgrenzung von sog. Flußartefakten gegenüber den direkten Thrombosezeichen (Kuppen-, Radiergummiphänomen etc.) von größter Bedeutung. Hauptziel der phlebographischen Darstellung ist in diesem Sinne der Nachweis der oberen und unteren Thrombosebegrenzung und damit die Ausdehnung des thrombotischen Befundes. Auch eine möglichst exakte Bewertung der thrombotisch befallenen Venenabschnitte im Detail ist wichtig: Daraus ergibt sich in gewissem Umfang die Möglichkeit einer *Altersbestimmung* der Thrombose, für die neben direkten und indirekten Thrombosezeichen auch die *Kollateralisation* bedeutsam ist. So lassen sich in der Mehrzahl der Fälle für die Therapie relevante Feststellungen treffen: Frische Thrombose (bis zu 6 Tagen), mittelfrische Thrombose (bis zu ca. 10 Tagen), alte Thrombosebefunde oder das postthrombotische Syndrom lassen sich in der Regel gut differenzieren. Schwierigkeiten treten dann auf, wenn eine aszendierende und/oder deszendierende *Pfropfthrombose* Kriterien einer frischen und älteren Thrombose nebeneinander erkennen läßt oder wenn sich auf einem Boden eines postthrombotischen Zustandsbildes ein frisches Rezidiv entwickelt hat. Für die aktive Therapieplanung, d. h. für die Indika-

Tabelle 9. Qualitätsmerkmale, Thrombosesyndrom

1) Fluß-Artefakte und Thrombosezeichen müssen differentialdiagnostisch klar unterscheidbar sein
2) Abgrenzbarkeit der Thrombose (obere und untere Thrombusbegrenzung. Beteiligung welcher Venen?)
3) Möglichst Altersbestimmung durch direkte und indirekte Thrombosezeichen („frisch", „mittelfrisch", „alt", PTS)
4) Bewertbarkeit der Kollateralwege (Etagenbefall, ipsi- und kontralateraler KM-Abfluß im Beckenbereich)
5) Demzufolge (möglichst noninvasive) Einkreisungstechnik (ggf. mit beiderseitiger Darstellung vom Fuß aus)

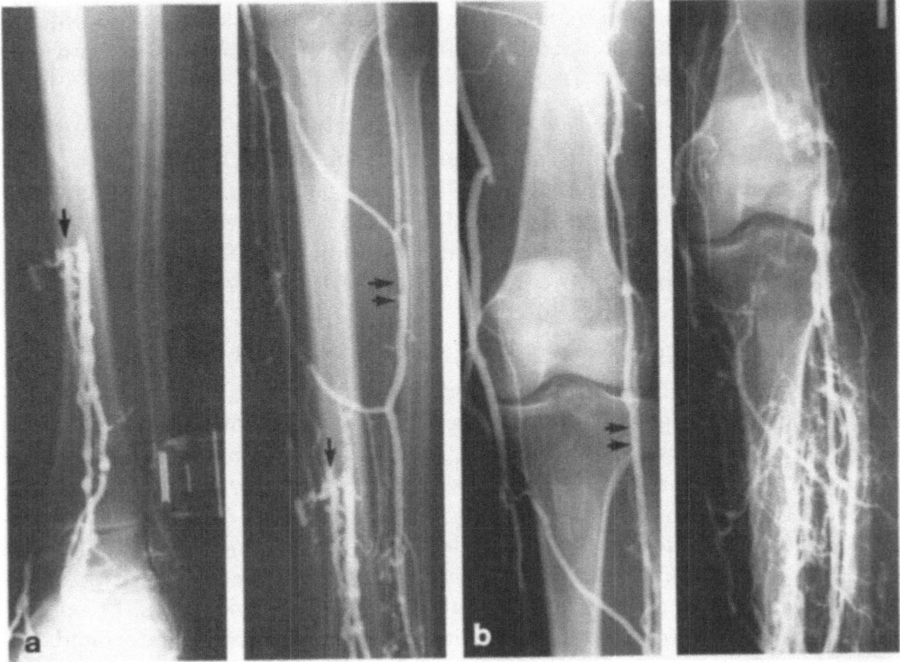

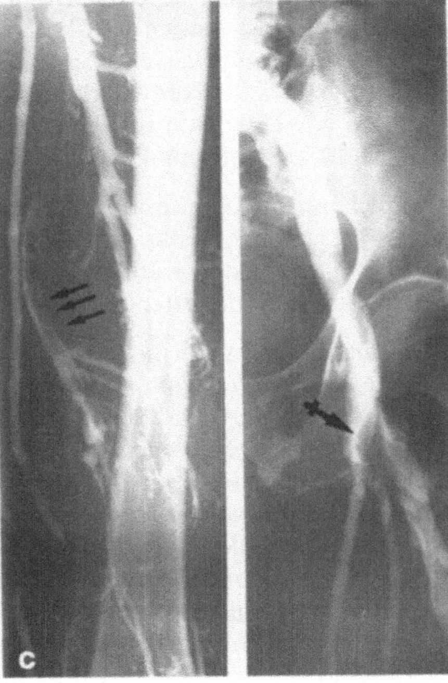

Abb. 4a–c. Phlebographie bei Varikose.
a Verschluß der Leitvenen am Unterschenkel oberhalb der insuffizienten (primär-varikösen) V. perforans Cockett II (→); über diese epifaszialer Kollateralabfluß via V. saphena magna. Zugleich Saphena-parva-Abfluß dargestellt (⇉).
b Die Leitvenen an Unter- und Oberschenkel sind thrombosiert. Insuffiziente Parvadrainage zur V. femoris profunda und über die Giacomini-Verbindung (V. saphena accessoria medialis zur V. saphena-magna-Stammvene).
c Am Oberschenkel noch „frisch" thrombosierter Abschnitt der V. femoralis superfacialis dargestellt (⇉); oberes Thrombusende unterhalb der Saphena-magna-Mündung (Kuppenphänomen, ↦); Beckenvenen o. B. Diagnose: 3-Etagen-Thrombose der Beinleitvenen, älter als 6 Tage, kollateralisiert

tionsstellung zur Fibrinolyse oder chirurgischen Thrombektomie sind phlebographische Aussagen zur Thromboseausdehnung und ihrem Alter von entscheidender Bedeutung.

Bekanntlich sind die *klinischen Zeichen* einer frischen Thrombose oft außerordentlich diskret und vieldeutig. Sie haben nach den Beobachtungen zahlreicher Autoren insgesamt eine Treffsicherheit von ca. 50%. Daraus resultiert, daß viele Thrombosen im fortgeschrittenen Stadium, häufig veraltet zur Erstdiagnostik gelangen, so daß über den Phlebographiebefund eine Entscheidung zur invasiven und kostenaufwendigen Behandlung *zu einem möglichst frühen Zeitpunkt* getroffen werden muß.

Die Bewertung der dargestellten *Kollateralwege* hat im Abschnitt des Beines für den spontanen oder therapiebedingten Heilungsverlauf erhebliche Bedeutung: Die Umgehungskreisläufe kompensieren verschlossene Venensegmente, begünstigen zugleich aber auch die Weiterentwicklung der Thrombose (Pfropfthrombose) in den Grenzen zwischen zwei präformierten Kollateralbahnen [10].
Auf dem Niveau Becken und Abdomen sind ipsi- und kontrakollaterale Abflußwege im Rahmen der vielen anatomisch vorgegebenen Verknüpfungen für die Bestimmung der oberen Thrombosebegrenzung wichtig. Läßt sich anhand der phlebographischen Darstellung auf der klinischen Seite nicht einwandfrei definieren, ob die Thrombose eventuell bis in die untere Hohlvene vorgewachsen ist, halten wir die Darstellung von der gesunden Seite her für indiziert. Unter den verschiedenen Einkreisungstechniken [4, 10] ist der jeweils am wenigsten invasiven Methode der Vorrang zu geben. Nach Möglichkeit läßt sich von einer Fußrückenvene der gesunden Seite aus die Bein-Beckenvenen- und Cava-inferior-Etage ausreichend klar kontrastieren.

Damit kann die Direktpunktion der Femoralvene im Leistenband – und das damit verbundene Risiko einer Fehlpunktion der nachbarschaftlich gelegenen Arterie – vermieden werden. Dies hält zugleich die Option auf eine aktive Fibrinolysetherapie offen.

Der Einsatz von niedrig-osmolalen, nicht ionischen Röntgenkontrastmitteln hat die *Invasivität* der phlebographischen Darstellungen in den letzten Jahren erheblich reduziert. Die *Restrisiken* bestehen in der systemischen und Nephrotoxizität der eingesetzten Kontrastmittel, einem potentiellen Risiko der Kontrastmittelunverträglichkeit (Anaphylaxie), reversiblen orthostatischen Kreislaufreaktionen nach Venenpunktion und in einer gewissen Röntgenstrahlenbelastung. Das Risiko einer direkten Kontakt-Venenwandschädigung, wie es bei den ionischen Kontrastmitteln in höheren Konzentrationen grundsätzlich bestand, ist weitgehend aufgehoben. Damit verbunden konnte auch das Thromboserisiko der Phlebographie weitgehend reduziert werden.
Somit entscheiden adäquate Untersuchungs- und Dokumentationstechniken über die Güte der phlebographischen Darstellung. Eine standardisierte Technik beeinflußt sowohl die schonende und ökonomische KM-Applikation wie auch die optimale Dokumentation der vorliegenden Befunde. Unter den

angebotenen phlebographischen Untersuchungstechniken ist für die aszendierende Darstellung die Preßphlebographie (Hach) als Phleboskopie mit Zielaufnahmen (May, Nißl) die Methode der Wahl. Gleichfalls als „Phleboskopie mit Zielaufnahmen" ist die Varikographie ein schonendes, ergänzendes und optimierendes Darstellungsverfahren. In der Synopsis der mit einer oder beiden Methoden gewonnenen Befunde erweist sich die Phlebographie allen sonstigen Darstellungsverfahren und Funktionstests sowohl in der Varikose- wie Thrombosediagnostik nach wie vor als weit überlegen.

Literatur

1. Brunner U, Pouliadis GP (1984) Ikonographie der retrograden deszendierenden Preßphlebographie am Oberschenkel in chirurgischer Sicht. In: Brunner U (Hrsg) Der Oberschenkel. Huber, Bern (Aktuelle Probleme der Angiologie, Bd. 43)
2. Hach W (1985) Phlebographie der Bein- und Beckenvenen. Schnetztor, Konstanz
3. Hagen B (1991) Interaktionen von Röntgenkontrastmitteln mit der Gefäßwand. In: Peters PE, Zeitler E (Hrsg) Röntgenkontrastmittel. Nebenwirkungen, Prophylaxe, Therapie. Springer, Berlin Heidelberg New York
4. May R, Nißl R (1973) Die Phlebographie der unteren Extremität. Thieme, Stuttgart
5. May R, Partsch H, Staubesand J (1988) Venae perforantes. Urban & Schwarzenberg, München
6. Mignon G (1990) Technik der Varikographie. In: Weber J, May R (Hrsg) Funktionelle Phlebologie. Thieme, Stuttgart
7. Partsch H (1990) Apparative Funktionstests. In: Weber J, May R (Hrsg) Funktionelle Phlebologie. Thieme, Stuttgart
8. Ratschow M (1930) Uroselektan in der Vasographie unter spezieller Berücksichtigung der Varikographie. RÖFO 42:115
9. Weber J (1988) Kombination von Phlebographie und blutiger Venendruckmessung. Röntgen-Bl. 41:218
10. Weber J, May R (Hrsg) (1990) Funktionelle Phlebologie. Thieme, Stuttgart
11. Zeitler E (1979) Röntgenologische und nuklearmedizinische Diagnostik. In: Ehringer H, Fischer H, Netzer CO, Schmutzler R, Zeitler R (Hrsg) Venöse Abflußstörungen. Enke, Stuttgart

Klinische Anwendung von Kontrastmitteln in der intravenösen DSA

W. Lösch und E. Zeitler

Als die digitale Subtraktionsangiographie (DSA) Anfang der 80er Jahre eingeführt wurde, konzentrierte sich primär das Interesse auf die Bildgebung des arteriellen Gefäßsystems mittels i. v.-Kontrastmittel-(KM-)Applikation, da in dieses Verfahren aufgrund der geringen Patientenbelastung und vor allem der ambulanten Durchführbarkeit größte Erwartungen gesetzt worden waren. Obwohl diese Methode im Bereich der größeren Körperarterien diagnostisch meist verwertbare Ergebnisse liefert, liegt die Bildqualität wegen der niedrigeren i. a.-Kontrastmittelkonzentration jedoch insgesamt unter der der arteriellen DSA. Will man mit der i. v.-DSA dennoch aussagekräftige Bilder des arteriellen Gefäßsystems erzielen, so müssen die in Tabelle 1 aufgeführten Einflüsse auf die Bildqualität beachtet werden.

Allgemeine Untersuchungstechnik

Patientenselektion und -motivation

Kontraindikationen bzw. Indikationseinschränkungen sind in Tabelle 2 aufgeführt. Demnach ist die i. v.-DSA bei Patienten mit fehlender Kooperationsfähigkeit nicht geeignet, da es in der Regel zu Bildartefakten kommt. Andererseits ist bei Minderung der linksventrikulären kardialen Leistung oder bei pulmonaler Hypertension eine Zunahme der Kontrastmittelzirkulationszeit mit Verdünnung des Kontrastmittelbolus und damit eine unzureichende oder eingeschränkte Bildqualität zu erwarten (Becker et al. 1985). Gefährdet sind ferner Kranke, bei denen eine Koronarinsuffizienz mit pektanginösen Anfällen, ein längerbestehender Diabetes mellitus oder eine Niereninsuffizienz mit Erhöhung harnpflichtiger Substanzen im Serum besteht.

Wie bereits erwähnt, ist die Patientenkooperation ein ausschlaggebender Punkt für die erreichbare Bildqualität. Deshalb ist es im Rahmen eines persönlichen, individuell angepaßten Aufklärungsgesprächs nötig, nach Ausschluß der genannten Leiden, den Untersuchungsablauf zu erklären, insbesondere auf die Notwendigkeit einer Apnoe von rund 20 s hinzuweisen und so die Patienten zur Vermeidung von Bewegungsartefakten (z. B. durch Schlucken und Atmen) entsprechend zu motivieren.

Tabelle 1. Einflüsse auf die Bildqualität der i.v.-DSA

I. Allgemeine Untersuchungstechnik	*II. Spezielle Untersuchungstechnik*
1. Patientenselektion und -motivation	1. Patienteneinstellung und -lagerung
2. Kontrastmittel	2. Feldeinblendung und -homogenisierung
– Applikation	3. Bildverstärkergröße
– Art	4. Dosis
– Konzentration	5. Pulsfrequenz
– Dosis	6. Nachverarbeitung
– Injektionsgeschwindigkeit	

Tabelle 2. Kontraindikationen bzw. Einschränkungen der Indikationen zur i.v.-DSA

1. Reduzierte Kooperationsfähigkeit
   - Bewußtseinstrübung
   - Zerebralsklerose
   - Ruhetremor
2. Manifeste Linksherzinsuffizienz
3. Pulmonale Hypertension
4. Koronarinsuffizienz mit pektanginöser Symptomatik
5. Diabetes mellitus
6. Reduzierte Nierenleistung mit Erhöhung harnpflichtiger Substanzen
   - eingeschränkte Indikation: $2-3$ mg% Kreatinin im Serum
   - Kontraindikation: >3 mg% Kreatinin im Serum
     (sofern keine Dialyse geplant ist)

Tabelle 3. Mögliche Komplikationen bei der i.v.-DSA

1. Injektionsbedingt	2. Kontrastmittelbedingt
– Venenruptur	– Allergische Reaktionen
– Thrombophlebitis	– Herzrhythmusstörungen
– Phlebothrombose	– Angina pectoris
	– Wärmegefühl (bei nichtionischem KM tolerierbar)

Kontrastmittelapplikation

Die selten, bei dieser als risikoarm geltenden Untersuchungsmethode auftretenden Komplikationen sind in Tabelle 3 dargestellt. Um injektionsbedingten Komplikationen vorzubeugen bevorzugen wir die zentralvenöse, präatriale Kontrastmittelgabe nach vorwiegend transkubitaler oder transfemoraler Punktion gegenüber der peripheren Applikation. In Verbindung mit der Verwendung eines 5-F-Pigtailkatheters mit multiplen Seitlöchern ist so das Risiko einer Gefäßverletzung geringer. Zusätzlich beugen möglichst kurze Katheterliegezeiten und die Verwendung von Einwegmaterial einer Intimareizung mit eventueller Phlebothrombose oder Thrombophlebitis vor.

Bei zentraler Gabe des Kontrastmittels ist eine höhere Injektionsgeschwindigkeit möglich und es kann auf die nachfolgende Injektion von isotoner

NaCl-Lösung verzichtet werden (Speck u. Niendorf 1984). Ebenso darf auf-
grund des kleineren Blutvolumens zwischen Injektionsort und darzustellender
Körperregion die KM-Menge bei gleichem Kontrast gegenüber der peripheren
Injektion bis zu rund einem Drittel reduziert werden (Claussen 1982; Claussen
et al. 1982). Schließlich beugt dieser Applikationsort Überlagerungen von
Venen und Arterien im Bereich der intrathorakalen Gefäßabschnitte bei der
Darstellung des Aortenbogens und der supraaortalen Gefäße vor.

Kontrastmittelart und -konzentration

Wir verwenden heute ausschließlich nichtionische Kontrastmittel. Durch ihre
niedrige Osmolalität wird das Ausmaß des subjektiven Hitze- und Schmerz-
empfindens bei der i. v.-DSA deutlich gesenkt (Dotter et al. 1985; Seyferth et
al. 1983) und ihre damit verbesserte Akzeptanz verringert so die Zahl der sich
auf die Bildqualität negativ auswirkenden Bewegungsartefakte (Dotter et al.
1985; Seeger et al. 1983). Da bei konstanten Untersuchungsbedingungen die
Bildgüte der DSA im wesentlichen von der Breite und Höhe des Kontrastmittelbolus abhängt, ist die maximale Jodkonzentration im Gefäß mitentschei-
dend. Eine Steigerung der lokalen arteriellen KM-Konzentration führt zu
einer größeren Differenz der Strahlenabsorption im Vergleich zum umgebenden Gewebe und so zu einer besseren Kontrastierung der Gefäßstrukturen.
Diese Kontrastverbesserung kann bei der i. v.-DSA durch Steigerung des Jod-
gehalts/ml Kontrastmittel erreicht werden. Dies ist jedoch nur in einem Bereich
zwischen 300–370 mg Jod/ml sinnvoll, da sich die Viskosität des KM bei einer
darüberliegenden Jodkonzentration mit einer entsprechenden Verlängerung
der pulmonalen Transitzeit so sehr erhöht, daß es zu einer stärkeren Verdünnung des Kontrastmittels durch Blut mit einer wieder gegenläufigen Kontrast-
verschlechterung kommt. Im genannten KM-Konzentrationsbereich ist sowohl die Viskositätszunahme als auch der Unterschied der Bildqualität nicht
signifikant (Langer 1986).
    Ferner konnte mit Verwendung dieser Kontrastmittel eine Verringerung
der kardiovaskulären Nebenwirkungen (Arlart u. Sigel 1984; Seyferth et al.
1983) sowie der pseudo-allergischen Reaktionen (Tuengerthal 1986) nachgewiesen werden.

Kontrastmitteldosis und Injektionsgeschwindigkeit

Bei Verwendung einer Kontrastmittelkonzentration von 300–350 mg Jod/ml
und einer Menge von 40 ml eines auf 37 °C erwärmten Kontrastmittels pro
Szene, entsprechend 12–14 g Jod je Ablauf, erscheint uns eine maschinell
erzeugte Flußgeschwindigkeit von 18 ml/s bei einer durchschnittlichen Kör-
pergröße von 1,70 m und einem Körpergewicht von 70 kg des Patienten geeignet, um eine möglichst hohe und gleichzeitig schmale Boluskurve zu erhalten.
Als obere Gesamtdosis versuchen wir in der Regel eine Kontrastmittelmenge

von 250 ml bei normalen Patienten nicht zu überschreiten. Auf jeden Fall sollte nach der Untersuchung für eine ausreichende Hydrierung des Patienten über ca. 6 h gesorgt werden.

Spezielle Untersuchungstechnik

Aortenbogen und supraaortale Gefäße

In dieser Gefäßregion richten wir unser diagnostisches Vorgehen, in Absprache mit der gefäßchirurgischen Abteilung im Hause, nach den in Tabelle 4 gezeigten Überlegungen.

Für alle Untersuchungen streben wir die Durchführung der in Tabelle 5 beschriebenen Projektionen an, bei Bedarf ergänzt durch die in Tabelle 6 aufgeführten Zusatzeinstellungen, da nur eine in mindestens zwei Ebenen dargestellte Gefäßveränderung sicher diagnostisch interpretiert werden kann.

Dazu müssen vorher beim Patienten störender Zahnersatz oder Hals- und Ohrschmuck entfernt werden und Lagerungshilfen, wie Bandhalterungen oder ein ausgehöhltes Schaumstoffkissen angelegt werden.

Tabelle 4. Diagnostisches Vorgehen bei der Abklärung der supraaortalen Gefäße

1. Die Methode der ersten Wahl für symptomatische Patienten mit zum Beispiel transitorisch ischämischen Attacken (TIA) und asymptomatische Patienten, bei denen zufällig ein Geräusch über den Karotiden festgestellt wurde, ist die nicht invasive Doppler- und Duplexsonographie. Dabei liegt die Treffsicherheit für diese beiden Methoden gleich hoch wie bei der i.v.-DSA	Quellen: Dawson 1983 Zwiebel et al. 1983
2. Bei eindeutigem Ultraschallbefund eines erfahrenen Untersuchers besteht zunehmend die Tendenz, ohne weitere angiographische Abklärung gefäßchirurgisch zu intervenieren	Friedmann et al. 1984
3. Bei fraglichem Sonographiebefund oder V. a. einen fortgeschrittenen Gefäßprozeß bzw. kombinierte Veränderungen bds. sowie bei symptomatischen Patienten mit unauffälligem Dopplersonogramm muß eine i.a.-DSA evtl. mit selektiver ergänzender Darstellung erfolgen	Friedmann et al. 1984 Peters et al. 1988
4. Auch Gefäßmißbildungen und tumoröse Prozesse sollten i.a. abgebildet werden, da nur so die Gefäßarchitektur sicher abgeklärt werden kann	
5. Lediglich bei postoperativen Kontrollen, mit Ausnahme des extra-intrakraniellen Bypasses, bei nicht durchführbarer Ultraschalluntersuchung, bei fehlendem oder besonders risikoreichem arteriellem Zugang oder reduzierter Gerinnung besteht eine Indikation zur i.v.-DSA	

Tabelle 5. Standardprojektionen zur i.v.-DSA der supraaortalen Gefäße

Gefäßregion	Patientenlagerung	Bildver-stärker-format [cm]	Dosis [μR/f]	Pulsfrequenz [f/s]
Aortenbogen	LAO 30–45°	28	500	3 (EKG-Triggerung)
Karotisgabel a.-p.	HWS a.-p.	20	500	2–3
Karotisgabel LAO	HWS-Foramina 30–40°	20	500	2–3
Karotisgabel RAO	HWS-Foramina 30–40°	20	500	2–3
Zervikokranialer Übergang	Schädelbasis-Mandibula deckungsgleich	20	500	2–3

Tabelle 6. Ergänzende Zusatzeinstellungen für die i.v.-DSA der supraaortalen Gefäße

Gefäßregion	Patientenlagerung	Bildverstär-kerformat [cm]	Dosis [μR/f]	Pulsfrequenz [f/s]
Subklaviaabgang	RAO 30–40°	28	500	3 (EKG-Triggerung)
Siphonprojektion	RAO oder LAO	20	500	3

Um die unterschiedliche Strahlentransparenz des Untersuchungsgebiets auszugleichen, wird es schließlich durch Verwendung von Tiefenblenden, DSA-Filtern und Reismehlsäckchen homogenisiert.

Läßt sich am Monitor bei Abklärung des Aortenbogens ein Verschluß der A. subclavia verifizieren, muß die Szenenlänge auf mindestens 20 s ausgedehnt werden. Auf diese Weise kann bei der Nachverarbeitung ein etwa vorhandenes Subclavian-steal-Syndrom dokumentiert werden. Im Falle von Gefäßüberlagerungen ist die jeweilige Szene mit entsprechend modifizierten Einstellungen zu wiederholen. In der Nachbearbeitung kann versucht werden, z. B. durch elektronische Bildverschiebung (Pixelshifting) oder andere Maskenwahl, Bewegungsartefakte zu eliminieren, diesem Vorgehen sind aber besonders im Fall von Schluckartefakten Grenzen gesetzt.

Qualitätskriterien

Angestrebt wird die überlagerungsfreie, scharf konturierte Darstellung der Gefäße, wobei diese noch eine gewisse Transparenz erkennen lassen sollen, um so beispielsweise Membranstenosen in der Dokumentation nicht zu unterdrücken und Veränderungen an der Gefäßrückwand im En-face-Bild zu erkennen (Galanski u. Fiedler 1985; Abb. 1 und 2; s. Tabelle 7).

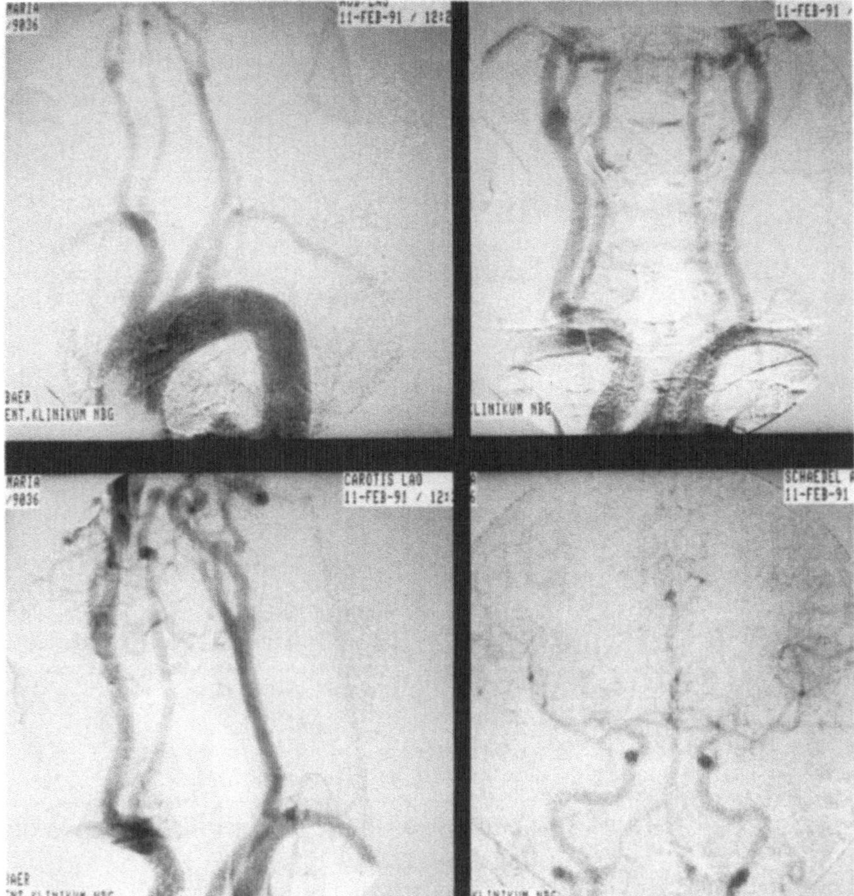

Abb. 1. Standardprojektionen des Aortenbogens und der supraaortalen Äste: Aortenbogen, Karotis ap., Karotis LAO, intrakranieller Einstrom

Rumpf und Extremitäten

Betrachten wir die intravenösen Untersuchungsmöglichkeiten am Körperstamm und den Extremitäten, so zeigt Tabelle 8 die in der Literatur am häufigsten genannten Indikationen. Hierzu haben wir jedoch einige Anmerkungen:

Bei Verdacht auf ein posttraumatisches, dissezierendes Aortenaneurysma nach akutem Thoraxtrauma ziehen wir die i. a.-Untersuchung vor, da Unfallpatienten in der Regel wenig kooperationsfähig sind und sich diskrete Befunde nur mit der arteriellen Untersuchung verifizieren lassen.

Wenn auch mit der i. v.-DSA die Ursache für arterielle Durchblutungsstörungen an den Extremitäten meist bis Unterarm- bzw. Unterschenkelmitte

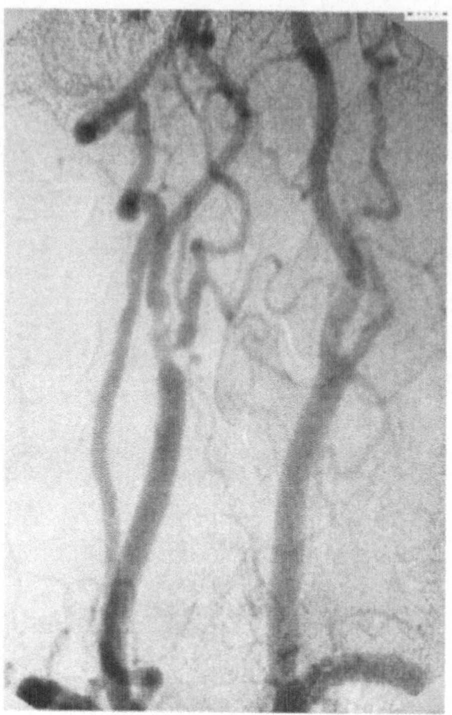

Abb. 2. Verschluß der A. vertebralis links, arteriosklerotisch veränderte Karotisbifurkation, rechts mit Stenosen der abgehenden Gefäße

Tabelle 7. Die wesentlichen Qualitätskriterien im Rahmen der i.v.-DSA

1. Kontrastreiche Darstellung der gewünschten Gefäßprovinz, mindestens in 2 Projektionen am Kopf und Körperstamm

2. Dokumentation von mindestens 3 Füllungsphasen (2 arterielle und eine Parenchym- bzw. Kapillar- oder Spätphase)

3. Dokumentation therapiebezogener Befunde mit relevanten pathologischen Veränderungen in ihrer gesamten Ausdehnung

4. Dokumentation von Ein- und Ausstrombahn im Bereich der Extremitäten von Obliterationen

5. Da das Signal-zu-Rauch-Verhältnis proportional zur Kontrastmitteldosis und zur Wurzel aus der Strahlendosis ist, müssen Kontrastmittelmenge und -dosis sinnvoll aufeinander abgestimmt sein

6. Adäquate Nachverarbeitung auf Hartkopien aller relevanten Untersuchungsphasen

nachgewiesen werden kann, gelingt es mit dieser Methode nicht die Gefäßperipherie in guter Qualität darzustellen. Ebenso ist es aufgrund des geringen KM-Angebots oft unmöglich, bei Gefäßverschlüssen, auch der Aorta, den für die Gefäßrekonstruktion wichtigen distalen Anschluß abzubilden [Beispiel: Abb. 3 (Aortenverschluß)]. Entsprechendes gilt auch für Bypasskontrollen mit

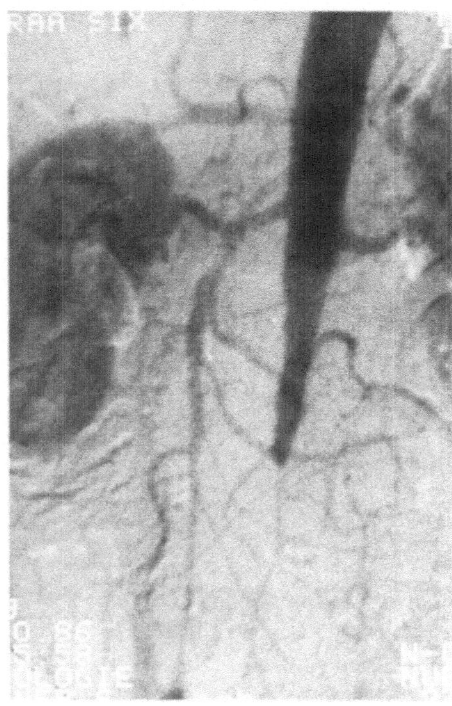

Abb. 3. Distaler Aortenverschluß

Tabelle 8. Indikationen zur i.v.-DSA an Rumpf und Extremitäten

- Aortale Aneurysmadiagnostik nach CT oder Sonographie zur Darstellung der Lagebeziehung zu den aortalen Ästen

- Aortale Gefäßanomalien

- Arterielle Durchblutungsstörungen im Bereich der Aorta und der nachgeschalteten Extremitäten- und Nierengefäße

- Befundkontrollen nach Gefäßinterventionen

- Venöse Durchblutungsstörungen und Fehlbildungen der Vena cava, der Beckenvenen sowie der Venen im Bereich der oberen Extremitäten

weit peripheren Anschlüssen. Aus diesen Gründen ziehen wir, wenn möglich, die i.a.-DSA vor, ggf. auch über einen transbrachialen Zugang.

Mit der i.v.-DSA sind zentrale Nierenarterien meist gut abzubilden. Deutlich schlechter ist das Untersuchungsergebnis im Bereich der intrarenalen Hauptäste, besonders links. Der Grund hierfür ist trotz Kompression des Abdomens und medikamentöser Ruhigstellung die häufige Darmgasüberlagerung. Auf Abbildung 4a, b sind zwar die zentralen Nierenarterien gut abgrenzbar, die intrarenalen Abschnitte jedoch nur eingeschränkt. Bei jungen Patienten sind Nierenarterienstenosen oft, wenn nicht überwiegend durch fibromus-

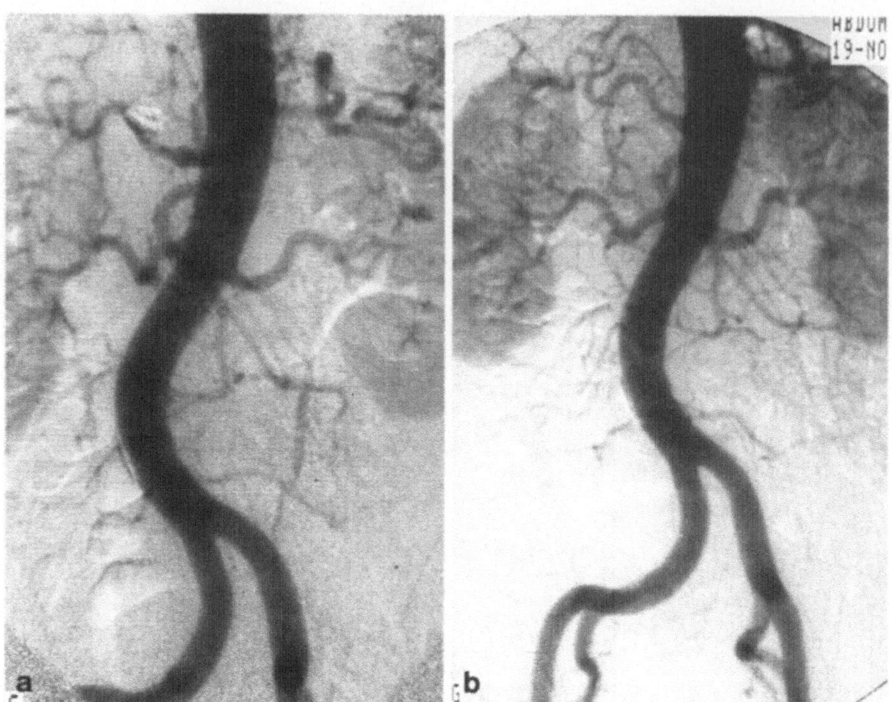

Abb. 4a, b. Elongierte Aorta abdominalis mit unauffälligen zentralen Nierenarterien und nicht beurteilbaren intrarenalen Gefäßen

kuläre Dysplasien bedingt. Diese Veränderungen sind dabei bevorzugt in den distalen zwei Dritteln der Nierenhauptarterien, mit nicht seltener Beteiligung der Segmentarterien, zu finden (Kincaid et al. 1968). Daher können solche Veränderungen dem angiographischen Nachweis entgehen. Deshalb bevorzugen wir auch hier die i. a.-Darstellung, zumal wir bei fraglichen Befunden in gleicher Sitzung eine Druckgradientenmessung durchführen und bei stationären Patienten evtl. eine PTA anschließen können.

In Tabelle 9 sind die Standardprojektionen zur i. v.-DSA an der Aorta und ihren Gefäßabgängen dargestellt (Beispiel: Abb. 5). Bei abdominellen Untersuchungen sollten zur Vermeidung von Darmgasartefakten immer 20–40 mg Butylscopolamin oder 1 mg Glukagon unmittelbar vor Angiographiebeginn gegeben werden. Zur Verdrängung des Darmgases aus dem Untersuchungsfeld wird zusätzlich ein Kompressorium am Abdomen angelegt.

Natürlich ist auch bei allen Einstellungen zur abdominellen Untersuchung eine Homogenisierung des Untersuchungsfelds wichtig. Bei der Darstellung der thorakalen Aorta sollte ein langer Ablauf von 20–25 s gewählt werden, um so eine Überlagerung durch Lungengefäße bei Bedarf mit einer nachgeschalteten Maske zu verhindern.

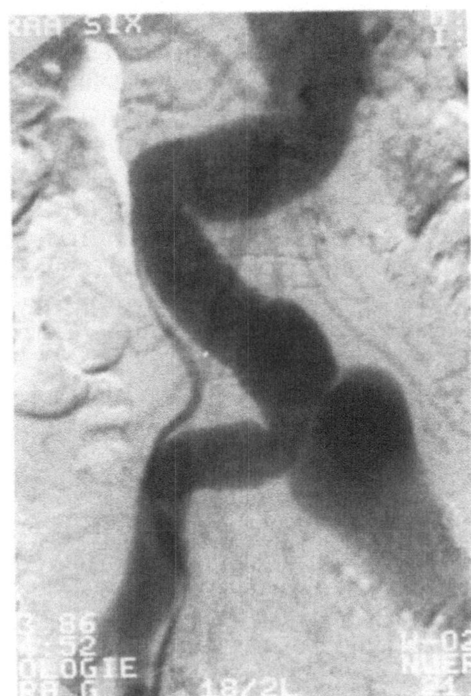

Abb. 5. Ausgehendes thorakoabdominelles Aortenaneurysma mit Einbeziehung der Bifurkation

Tabelle 9. Standardprojektionen zur i.v.-DSA der Aorta und ihrer Abgänge

Gefäßregion	Patientenlagerung	Bildverstärkerformat [cm]	Dosis [μR/f]	Pulsfrequenz [f/s]
Aortenbogen	LAO 45°	28	500	3 (EKG-Triggerung)
Thorakale Aorta	LAO 55–70°	28–40	500	3
Abdominale Aorta	A.-p. oder p.-a.	28–40	500	2–3
Nierenarterien	RAO und LAO 15–20°	20	500	2–3

Bei der Abklärung von Nierenarterienstenosen wird in der a.-p.- bzw. p.-a.-Einstellung mit großem Bildverstärker ebenfalls eine lange Szene genutzt, da so die Parenchymphase erfaßt werden kann. Auf einer abschließenden Abdomenübersichtsaufnahme kann schließlich das harnableitende System beurteilt werden.

Die Extremitätenarterien werden überlappend untersucht. An den Armen geschieht dies unter Einschluß des Aortenbogens bis Unterarmmitte mit einem

Bildverstärker von z. B. 28 cm und peripher mit einer Pulsfrequenz von 2 f/s. Bei der Frage nach einem Thoracic-outlet-Syndrom darf selbstverständlich die Darstellung in Provokationsstellung nicht fehlen.

Zum Becken-Bein-Status gehört die Gefäßstrecke von der abdominellen Aorta mit den Nierenarterien bis Unterschenkelmitte. Wir verwenden dabei einen möglichst großen Bildverstärker (z. B. 40 cm) zur Limitierung der Kontrastmittelgesamtmenge. Auch hier ist die Anwendung von Lagerungshilfen äußerst vorteilhaft, um Bewegungsartefakten vorzubeugen. Bei Gefäßüberlagerungen müssen schräge Projektionen in der Becken- und Leistenregion erfolgen. Am Unterschenkel kann dies durch leichte Innenrotation des Fußes geschehen, da sich so die femorokruralen Gefäßaufzweigungen frei projizieren.

Intravenöse Subtraktionsphlebographie

Indikationen sind hier z. B. das Paget-von-Schroetter-Syndrom, Thrombosen der tiefen Beinvenen mit Einbeziehung der Beckenetage, tumoröse Raumforderungen, Gefäßmißbildungen oder Komplikationen nach Legen eines zentralen Venenkatheters.

Im Bereich des Arms werden nach kubitaler Punktion der V. basilica 10–20 ml Kontrastmittel mit 150–200 mg Jod/ml manuell appliziert. Bei Verwendung eines Bildverstärkers von z. B. 28 cm werden die V. brachiocephalica, V. axillaris, V. subclavia und der Einstrom in die V. cava superior erfaßt. Besonders wichtig ist es hier, auf die Homogenisierung des Untersuchungsfelds im Bereich der V. axillaris, der Schulterweichteile und der Lunge zu achten. Als Pulsfrequenz verwenden wir 2–3 f/s. Auf Abbildung 6 sind die V. subclavia und V. axillaris bei Zustand nach 10 Tage liegendem Kavakatheter thrombotisch verschlossen.

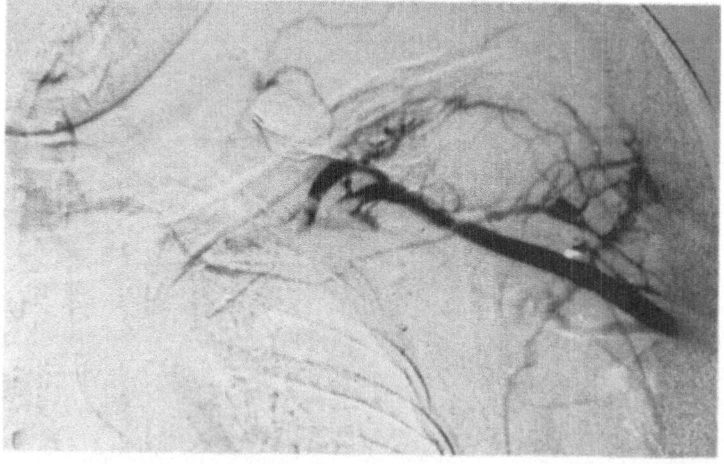

Abb. 6. Thrombotischer Verschluß der V. subclavia und der V. axillaris

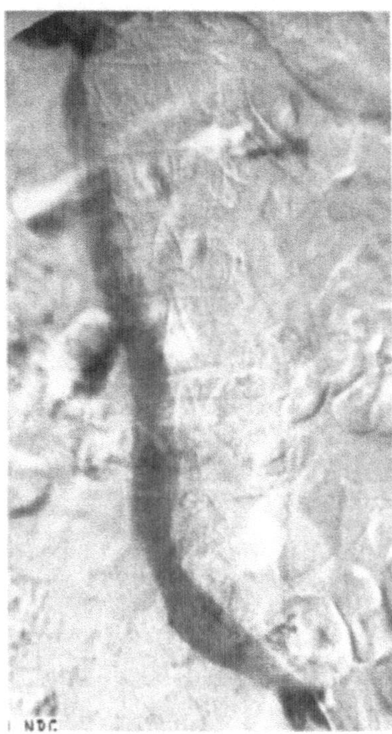

Abb. 7. Unauffälliges Kavogramm bei bekanntem Nierentumor

Bei der Abklärung der V. cava superior entspricht die Untersuchungstechnik beim beschriebenen Vorgehen bei der Darstellung des Schultergürtels. Besser ist es aber das Kontrastmittel simultan von beiden Seiten transkubital zu spritzen, damit Strömungsphänomene vermieden werden.

Zur Darstellung der gesamten V. cava inferior (s. Abb. 7) empfiehlt sich die Injektion von 15–20 ml Kontrastmittel mit 200 mg Jod/ml nach inguinaler Punktion, z. B. über einen 5-F-Dilatator und Gabe von Butylscopolamin oder Glukagon in der genannten Dosierung. Bei Verwendung eines großen Bildverstärkers (40 cm) und 2–3 f/s wird die ganze untere Hohlvene erfaßt. Bei unklarem Befund ist ein zweiter Ablauf unter Valsalva-Manöver empfehlenswert, evtl. auch Schrägprojektionen.

Literatur

Arlart IP, Sigel H (1986) Transvenöse DSA: EKG-kontrollierte kardiale Effekte und venöse Komplikationen bei präatrialer Injektion nichtionischer Kontrastmittel. Röntgenpraxis 39:293–299
Becker GJ, Hicks ME, Holden RW (1985) Patient selection, catheters and contrast in intravenous DSA. Appl Radiol 144–150
Claussen C (1982) Dynamische Computertomographie. Grundlagen experimenteller Kontrastmittelstudien, klinische Anwendungen. Habilitationsschrift, Freie Universität Berlin

Claussen C, Linke G, Felix R, Lochner B, Weinemann HJ, Wegener OH (1982) Bolusgeometrie und -dynamik nach intravenöser Kontrastmittelinjektion. ROFO 137:212

Dawson DM (1983) Carotid-vertebral digital subtraction angiography – a neurologist's view. Cardiovasc Intervent Radiol 6:1201–1202

Dotter CT, Rösch JR, Erlandson M, Buschmann RW, Ogelvie R (1985) Iopamidol arteriography: discomfort and pain. Radiology 155:819–821

Friedmann G, Peters PE, Neufang KFR, Horsch S (1984) Intraarterielle (i. a.) versus intravenöse (i. v.) DSA bei der Untersuchung des Aortenbogens und der supraaortalen Äste. In: Thurn P, Felix R (Hrsg) Standortbestimmung der digitalen Subtraktionsangiographie. Wiss Buchreihe Schering, Berlin

Galanski M, Fiedler V (1986) Darstellung der supraaortalen Arterien mit Hilfe der digitalen Subtraktionsangiographie. In: Oeser H (Hrsg) Angiologisches Symposium. Med Wiss Buchreihe Schering, Berlin

Kincaid VW, Davis GD, Hallermann FJ et al. (1968) Fibromuscular dysplasia of the renal arteries. AJR 104:271

Langer M (1986) Ambulante digitale Subtraktionsangiographie. Untersuchungstechnik, Indikation, klinische Wertigkeit, Med Wiss Buchreihe Schering, Berlin

Peters PE, Fiedler V, Almeida P, Wiesmann W (1988) Digitale Subtraktionsangiographie der supraaortalen Äste. In: Lissner J (Hrsg) Moderne Bildgebung. Stand der Technik. Ueberreuter, Wien

Seeger JF, Carmody RF, Smith L, Horsley WW, Criss E (1983) Comparison of iohexol with meglumine-Na-diatrozoate for intravenous digital subtraction angiography. Acta Radiol [Suppl] 366:85–88

Seyferth W, Dilbat G, Zeitler E (1983) Efficacy and safety of digital subtraction angiography with special reference to contrast agents. Cardiovasc Intervent Radiol 6:265–270

Speck U, Niendorf HP (1984) Ergebnisse des Internationalen Workshops „Contrast Media in digital Radiography" Berlin, Januar 1983. In: Thurn P, Felix R (Hrsg) Med Wiss Buchreihe Schering, Berlin

Tuengerthal S (1987) Kontrastmittelnebenwirkungen bei der DSA. In: Riemann H, Kollath J (Hrsg) Digitale Radiographie, 2. Frankfurter Gespräche. Byk Gulden, Konstanz

Zwiebel WJ, Austin CW, Sackett JF et al. (1983) Correlation of high-resolution, B-Mode and continuous-wave Doppler sonography with arteriography in diagnosis of carotid stenosis. Radiology 149:523

Qualitätssicherung in der Myelographie

G. Schuierer und P. E. Peters

Die Myelographie ist trotz der modernen Schnittbildverfahren Computertomographie (CT) und insbesondere MR-Tomographie weiterhin eine klinisch
relevante Untersuchung und wird auf absehbare Zeit einen wichtigen Stellenwert in der Abklärung spinaler Erkrankungen einnehmen. Gründe hierfür
sind, daß CT und insbesondere Magnetresonanztomographie (MRT) nicht in
ausreichendem Maß zur Verfügung stehen und die Myelographie zudem bei
bestimmten Fragestellungen weiterhin indiziert ist (Tabelle 1).

Bei der Myelographie wie bei allen invasiven Untersuchungsmethoden, die
ein potentielles Risiko für den Patienten beinhalten, ist neben einer Optimierung des Kontrasts und der Röntgenaufnahmen die weitestgehende Reduzierung von Komplikationen ein wesentlicher Aspekt der Qualitätssicherung.
Insbesondere für den Patienten sind vorübergehende oder bleibende Folgeer-
scheinungen oft wesentlich bedeutender als die erreichte Bildqualität. Im fol-

Tabelle 1. Indikation zur Myelographie in Abhängigkeit vom verfügbaren Verfahren

| | Myelographie | | |
	allein	und CT	und MR
Bandscheibenvorfall			
– lumbal	+ +	?	–
– thorakal	+ +	+ +[a]	?
– zervikal	+ +	+[a]	?
Spinale Stenose	+ +	+[a]	?
– funktionell	+ +	+ +	+ +[b]
Trauma	+ +	+[a]	–
Tumor			
– Routine	+ +	+ +[a]	–
– Notfall	+ +	+ +[a]	+
Gefäßmißbildung	+ +	+ +[a]	+ +

+ + Indikation, + mögliche Indikation ? Indikation bei unklarem Befund, – keine Indikation
[a] Kombiniert mit Myelo-CT
[b] Zervikal auch nur MR

genden sollen daher zunächst Hinweise zu einem möglichst risikoarmen Vorgehen gegeben werden, bevor die rein radiologischen Qualitätsmerkmale von
Myelogrammen behandelt werden.

Nebenwirkungen

Grundsätzlich müssen bei der Myelographie durch die Punktion und durch
das Kontrastmittel (KM) bedingte Nebenwirkungen unterschieden werden
(Tabelle 2). An dieser Stelle ist darauf hinzuweisen, daß ein guter Kontakt des
untersuchenden Arztes zum Patienten und eine Durchführung der Untersuchung in ruhiger und zugewandter Atmosphäre das Risiko von Nebenwirkungen erheblich reduzieren und meist besser sind als eine sedierende Prämedikation, die natürlich manchmal sinnvoll ist.

Tabelle 2. Mögliche Nebenwirkungen nach Myelographien

Kopfschmerzen	Anfälle
Nackenschmerzen	Myoklonien
Rückenschmerzen	Parästhesien
Übelkeit	Paresen
Erbrechen	Kaudasyndrom
Schwindel	Psychische Störungen
Vegetative Störungen	Seh-/Hörstörungen
Kollaps	Temperaturerhöhung
Meningismus	Hitzegefühl
Infektion	Aseptische Meningitis
	Allergien

Punktion

Weitestgehend vermeidbare punktionsbedingte Komplikationen sind lokale
Infektionen am Punktionsort und die z. T. foudroyant verlaufenden Meningiti-
den. Sorgfältiges, steriles Arbeiten, das durch einen durchdachten und standardisierten Untersuchungsverlauf wesentlich erleichtert wird, ist dafür unab-
dingbar.

Häufigste und für die Patienten oft sehr unangenehme Nebenwirkungen
sind postpunktionelle Kopfschmerzen, die typischerweise verzögert auftreten
und u.U. lange anhalten. Diese durch Liquorverlust verursachten Kopfschmerzen können in ihrer Häufigkeit und Heftigkeit durch die Verwendung
möglichst dünner Punktionsnadeln (22 G) wesentlich reduziert werden. Mit
diesen ist die Punktion technisch meist nicht schwieriger als mit dickeren
Kanülen. Natürlich sollte die zu diagnostischen Zwecken entnommene Li-
quormenge möglichst gering sein.

Eigene Erfahrungen mit einer atraumatischen Spinalkanüle ohne schneidende Spitze (Hell, Diespeck), die sich auch bei ambulanten Lumbalpunktionen bewährt hat, lassen hoffen, daß das Risiko eines Liquorunterdrucksyndroms noch weiter reduziert werden kann. Obwohl bei Verwendung dünner Kanülen nach der Myelographie eine forcierte Flüssigkeitszufuhr sowie Bettruhe nicht mehr notwendig erscheinen (Kuuliala u. Göransson 1986), empfehlen wir diese den Patienten weiterhin.

Andere Komplikationen können in Abhängigkeit vom Punktionsort entstehen. Am ungefährlichsten sind Punktionen unterhalb L2/L3, da es hier außer bei spinalen Anomalien zu keiner Verletzung des Myelons oder wichtiger Gefäße kommen kann. Dieses Risiko besteht bei der Subokzipitalpunktion und der lateralen Punktion in Höhe C1/C2 insbesondere bei anormalen Verläufen der A. vertebralis oder der A. cerebelli inferior posterior. Da für den als risikoarm geltenden lateralen C1/C2-Zugang eine 20fach höhere Komplikationsrate als bei lumbaler Punktion berichtet wird (Robertson u. Smith 1990), sollte letzterer der Vorzug gegeben werden. Zudem ermöglichen die dimeren Kontrastmittel auch von lumbal regelmäßig zervikale Myelographien hoher Qualität.

Bewährt hat sich nach unserer Erfahrung die durchleuchtungsgezielte lumbale Punktion paramedian in Bauchlage (unter dem Wirbelbogen lateral des Dornfortsatzes). Diese Technik ist praktisch immer erfolgreich und vermeidet bei unbeweglichen Patienten ein Umlagern. Natürlich sollte auch bei Verdacht auf einen Bandscheibenvorfall möglichst nicht in der klinisch suspekten Etage punktiert werden.

Kontrastmittel

Noch vor 10 Jahren (Langlotz 1981) entsprachen die Myelographika bei weitem nicht den Anforderungen an ein ideales Kontrastmittel (Tabelle 3). Die Entwicklung der modernen nichtionischen KM (Iopamidol, Iotrolan) hat hier entscheidende Fortschritte gebracht. Neben einer hervorragenden Kontrastgebung weisen diese KM eine wesentlich geringere Chemo- und Neurotoxizität auf. Dies bedeutet, daß vor allem die neurologischen Nebenwirkungen der älteren KM seltener auftreten und oft weniger schwer ausgeprägt sind (Ringel et al. 1989). Die Reduktion der Chemotoxizität und der Osmolarität hat auch zur Folge, daß die gefürchteten Arachnitiden nach Myelographie, die mit oft irreversiblen Beschwerden einhergingen, bei Verwendung der nichtionischen

Tabelle 3. Forderungen an ein ideales Kontrastmittel

Keine Nebenwirkungen (nicht allergen, nicht toxisch)
Optimaler Kontrast (gute Löslichkeit, hohe Absorption)
Einfache Handhabung (gebrauchsfertig)

Tabelle 4. Empfehlungen zur Kontrastmitteldosierung

	Menge [ml]	Jodkonzentration [mg Jod/ml]
Lumbale Myelographie	7–15	200 –(300)
Thorakale Myelographie	8–15	240 – 300
Zervikale Myelographie		
– lumbale Punktion	8–15	(240)– 300
– direkte Punktion	8–12	240 – 300
Panmyelographie	10–15	(240)– 300

Kontrastmittel praktisch nicht mehr auftreten. Zudem muß wegen der signifikant geringeren Neurotoxizität nicht mehr streng darauf geachtet werden, daß Kontrastmittel nicht nach intrakraniell gelangt.

Das dimere Iotrolan besitzt bei hervorragender Verträglichkeit, guter Löslichkeit und Liquorisoosmolarität einen höheren Jodgehalt und somit Kontrast als die monomeren Kontrastmittel. Die größere Viskosität und die doppelt so hohe Jodmenge pro Molekül des dimeren KM sind offensichtlich die Ursache dafür, daß selbst nach Aufnahmen der gesamten Wirbelsäule in Bauch- und Rückenlage noch ein sehr guter Kontrast für die Aufnahmen in Seitenlage zur Verfügung steht.

Natürlich bleibt das bei Myelographien jedoch seltene Risiko einer anaphylaktoiden Reaktion und man sollte immer auch an die Möglichkeit einer thyreotoxischen Krise denken, die selbst durch die geringen benutzten Kontrastmittelmengen bei entsprechender Disposition ausgelöst werden kann.

Menge und Jodkonzentration des Myelographikums müssen der Konstitution des Patienten, der Fragestellung und Untersuchungsregion angepaßt sein (Tabelle 4). Nur so lassen sich Kontrast und Transparenz in ein für optimale Aufnahmen notwendiges, ausgewogenes Verhältnis bringen. Für eine lumbale Myelographie mit der Fragestellung „Bandscheibenvorfall" ist eine niedrigere Jodkonzentration nötig als bei Verdacht auf eine spinale Stenose oder einen Tumor, da hier der Kontrast möglichst hoch sein soll, um auch kleinste KM-Ansammlungen erkennen zu können. Bei aszendierenden zervikalen oder bei thorakalen Myelographien sind höhere Jodkonzentrationen und KM-Mengen empfehlenswert.

Insgesamt läßt sich feststellen, daß heute für die Myelographie fast optimale Kontrastmittel zur Verfügung stehen, die bei hervorragender Kontrastgebung nur noch ein geringes Risiko für Nebenwirkungen aufweisen.

Untersuchungstechnik und Röntgenaufnahmen

Wir injizieren das Kontrastmittel zumeist in Bauchlage, für thorakale Myelographien manchmal auch in Seitenlage mit angehobenem Kopf. Zur Kontrastmittelinjektion ist zu bemerken, daß diese gleichmäßig und nicht zu schnell erfolgen soll, wobei nach 1–2 ml kurz unter Durchleuchtung die korrekte Nadellage kontrolliert wird. Bei Verwendung dünner Nadeln erleichtert das Vorwärmen auf Körpertemperatur zwar die Injektion der visköseren dimeren Kontrastmittel, jedoch soll dabei die Kontrastgebung schlechter sein (Volle et al. 1991). Schmerzangaben des Patienten sollten auch ohne vorherige Hinweise immer an eine tumorbedingte Stenose denken lassen (Stopschmerz) und verbieten eine weitere Injektion, bis eine freie KM-Passage bis kraniozervikal bewiesen ist, da es ansonsten u. U. zu irreversiblen neurologischen Schäden kommen kann.

Für die Myelographie gelten natürlich die allgemeinen Regeln für optimale Röntgenaufnahmen. Dabei sollte die Strahlenbelastung ohne Einbuße an diagnostischer Qualität möglichst gering gehalten werden, z. B. durch Einsatz hochverstärkender Foliensysteme (Empfindlichkeitsklasse 200–400).

Von besonderer Bedeutung sowohl für die Reduktion der Strahlenbelastung als auch für die Optimierung der Bildqualität ist eine gezielte Einblendung der Aufnahmen, wobei jedoch auf eine ausreichende Darstellung der knöchernen Strukturen für eine genaue Höhenlokalisation geachtet werden muß.

Voraussetzung für technisch einwandfreie Myelogramme ist eine hinreichend gute apparative Ausstattung. Hierzu gehört vor allem eine Durchleuchtungseinheit mit Kipptisch, der in beiden Richtungen eine Kippung über die Horizontale gestattet und dabei eine sichere Lagerung des Patienten erlaubt. Idealerweise sollte für thorakale und zervikale Myelographien die Möglichkeit der Durchleuchtung und Aufnahme im horizontalen und vertikalen Strahlengang bestehen.

Bewährt hat sich in der Myelographie bereits der Einsatz der digitalen Lumineszenzradiographie (DLR), da dieses Verfahren insbesondere in problematischen Bereichen wie dem zervikothorakalen Übergang durch seine wesentlich höhere und lineare Dynamik Fehlbelichtungen vermeidet (Abb. 1). Zudem lassen sich DLR-Aufnahmen nachverarbeiten, um ohne relevanten Verlust an Auflösung, z. B. mittels spezieller Filterung, Details besser herauszuarbeiten (Haubitz et al. 1987).

Steht ein CT zur Verfügung, sollte bei nicht eindeutigem Befund eine postmyelographische Computertomographie der kritischen Region erfolgen. Auch wenn von vornherein ein Myelo-CT geplant ist, führen wir immer zuerst eine Myelographie durch, um einen Überblick über größere Abschnitte des Spinalkanals zu erhalten und die aufwendigere CT-Untersuchung gezielter einsetzen zu können.

Im folgenden werden Vorschläge für Untersuchungsabläufe gemacht, die als Empfehlung angesehen werden sollen und je nach Fragestellung, apparativer Ausstattung und eigenen Vorstellungen modifiziert werden müssen und können. Immer ist dabei jedoch auf eine exakte Einstellung der lateralen Aufnahmen sowie eine symmetrische Einstellung von a.-p.- und Schrägaufnahmen zu achten.

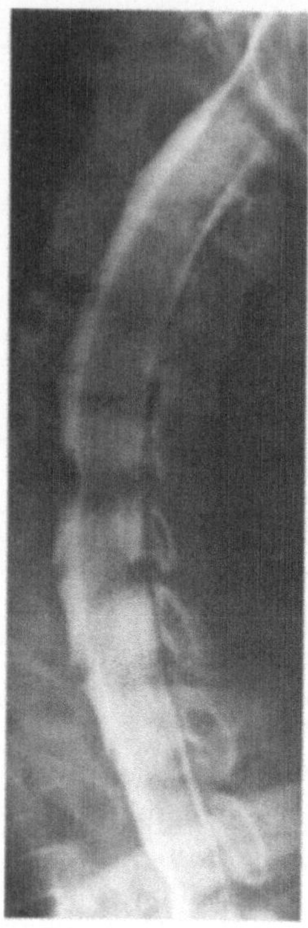

Abb. 1. Mediolateraler Bandscheibenvorfall C5/C6. Zervikale Myelographie (lumbale Punktion) mit Iotrolan 300. Aufnahme in Schrägposition im lateralen Strahlengang mit digitaler Technik (DLR)

Lumbale Myelographie

Aufnahmespannung: a.-p.: 70–85 kV, lateral: 85–96 kV.
1. a.-p.-Aufnahme in Bauchlage, Untersuchungstisch 30–40° aufgerichtet;
2. a.-p.-Aufnahmen in beiden Seitenlagen, Tisch halb aufgerichtet, evtl. ergänzt durch Funktionsaufnahmen;
3. symmetrische Schrägaufnahmen mit optimaler Freiprojektion der Nervenwurzeln;
4. Darstellung der Kauda und des Konus a.-p. und lateral.

Thorakale Myelographie

Aufnahmespannung: 70–85 kV.
Das Kontrastmittel kann nach lumbaler Injektion entweder in Bauchlage durch Kippung des Tischs zunächst nach zervikal geleitet werden, wobei der zervicothorakale Übergang erfaßt wird, und dann unter Anhebung des Kopfs und Drehung auf den Rücken nach thorakal gebracht werden oder ebenfalls nach lumbaler Injektion in Seitenlage bei angehobenem Kopf und Horizontalkippung des Tischs nach thorakal gebracht werden. Danach werden Aufnah-

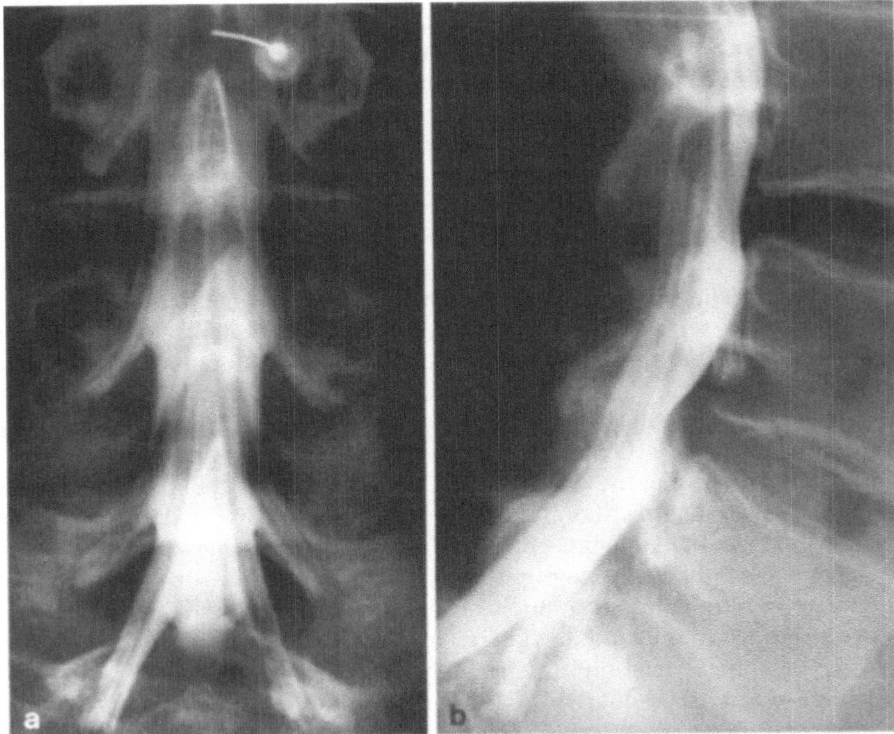

Abb. 2a, b. Großer medialer Bandscheibenvorfall L4/L5. Lumbale Myelographie mit Iotrolan 240. A.-p. (**a**) und laterale (**b**) Aufnahme. In Höhe L3 liegende Punktionsnadel zur eindeutigen Höhenlokalisation

men in Rückenlage (Gefäßanomalien) und Seitenlage (beidseits) im vertikalen (und horizontalen) Strahlengang angefertigt, bei unklaren Befunden ergänzt durch Schrägaufnahmen und sofern zugänglich durch ein postmyelographisches CT.

Zervikale Myelographie

Aufnahmespannung: 60–70 kV.
1. Laterale Aufnahme im horizontalen Strahlengang mit Reklination des Kopfs und möglichst frei projizierter unterer HWS. Dabei ist darauf zu achten, daß das Ausmaß der Reklination durch den Patienten bestimmt wird, um mögliche Komplikationen zu vermeiden (Robertson u. Smith 1990);
2. a.-p.-Aufnahme in Bauchlage;
3. a.-p.- und laterale Aufnahmen bei Schrägdrehung des Patienten zur Darstellung der jeweils gegenseitigen Wurzeltaschen;

4. ggf. Funktionsaufnahme (lateral) in Inklination, laterale Aufnahme des kraniozervikalen Übergangs in Rückenlage.

Bei der Panmyelographie über einen lumbalen Zugang fertigen wir die Aufnahmen gewöhnlich in der Reihenfolge Bauchlage (lumbal-thorakal-zervikal) – Rückenlage (zervikal-thorakal-thorakolumbal) – Seitenlage (thorakal-lumbal) an.

Kriterien für die Qualität von Myelogrammen sind die kontrastreiche und scharfe Abbildung des Myelons, der Spinalnerven und der Wurzeltaschen bei guter, möglichst homogener Transparenz des kontrastierten Liquorraums (Abb. 2a, b). Die einzelnen Faserstränge der Nervenwurzeln müssen zervikal differenzierbar sein, ebenso sollten spinale Gefäße erkennbar sein (Abb. 1). Dabei ist immer darauf zu achten, daß der abgebildete Abschnitt des Spinalkanals eindeutig zugeordnet werden kann, indem ausreichend Knochenstrukturen (oder externe Markierungen) auf den Myelogrammen miterfaßt sind (Abb. 2a, b).

Die Myelographie ist bei optimaler Untersuchungstechnik und Verwendung der modernen nichtionischen Kontrastmittel zu einer relativ komplikationsarmen und die Patienten gering belastenden Untersuchung geworden. Sie ist auch wenn ein MR-Tomograph zur Verfügung steht, z. B. in der Diagnostik spinaler Gefäßmißbildungen noch häufig indiziert. Bei Notfällen sind der geringe apparative Aufwand, die kurze Untersuchungsdauer und breite Verfügbarkeit Gründe für den Einsatz der Myelographie. So wird die Myelographie, obwohl sie prinzipiell durch die MR-Tomographie weitgehend ersetzt werden kann, zumindest für absehbare Zeit in der spinalen Diagnostik unverzichtbar bleiben.

Literatur

Hammer B (1980) Die lumbosakrale Radikulographie. Radiologe 20:478–484

Haubitz B, Döhring W, Becker H (1987) Die Anwendung der digitalen Lumineszenzradiographie (DLR) bei der Myelographie. Röntgenstrahlen 57:10–15

Kuuliala IK, Göransson HJ (1987) Adverse reactions after iohexol lumbar myelography: influence of postprocedural positioning. AJNR 8:547–548

Langlotz M (1981) Lumbale Myelographie mit wasserlöslichen Kontrastmitteln. Lehrbuch und Atlas. Thieme, Stuttgart

Ringel K, Klotz E, Wenzel-Hora BI (1989) Iotrolan versus Iopamidol: a controlled, multicenter, double-blind study of lumbar and direct cervical myelography. In: Tänzer V, Wende S (eds) Recent developments in nonionic contrast media. Thieme, Stuttgart

Robertson HJ, Smith RD (1990) Cervical myelography: survey of modes of practice and major complications. Radiology 174:79–83

Volle E, Hedde JP, Gormanns R (1991) Die direkte zervikale Myelographie mit Iotrolan 300. ROFO 154:197–201

Qualitätssicherung Kontrastmittel – periphere Angiographie

E. Zeitler

Die Qualität der radiologischen Diagnostik wird durch die adäquate Darstellung der diagnostisch wichtigen Bildmerkmale im Röntgenbild, die mit einer medizinisch vertretbaren niedrigen Dosis erzielt wird, bestimmt.

Mit diesem Anspruch hat die neue Röntgenverordnung vom 8. 1. 1987 auch auf die Notwendigkeit von Qualitätsstandards hingewiesen. Die ärztlichen Qualitätsforderungen umfassen dabei sowohl charakteristische Bildmerkmale, wichtige Bilddetails und kritische Strukturen. Darüber hinaus ist bei Untersuchungen mit Kontrastmitteln (KM) die Wahl der Art des Kontrastmittels sowie die erforderliche Quantität und Konzentration von wesentlichem Einfluß auf den geforderten Qualitätsstandard.

Die peripheren arteriellen Angiographien im Bereich der Extremitätenarterien sind die häufigsten angiographischen Untersuchungen und werden nur noch durch die Koronarangiographie übertroffen. Ihre Durchführung hat eine lange Geschichte mit vielen technischen Entwicklungen hinter sich. Will man Qualitätsstandards definieren, so sind diese dem gegenwärtigen Entwicklungsstandard anzupassen und haben das Ziel, diesen weiterzuentwickeln. Es sind daher die in Tabelle 1 genannten Aspekte von Bedeutung.

Die aufnahmetechnischen Leitlinien haben auch die konventionellen angiographischen Techniken mit Großfilmen noch zu berücksichtigen, da gegenwärtig etwa 50% der angiographischen Untersuchungsplätze konventionell und 50% digital betrieben werden.

Tabelle 2 faßt einen Vorschlag zur Definition der technischen Voraussetzungen zusammen.

Tabelle 3 schließt die ärztlichen Aufgaben, beginnend mit der Aufklärung und einer erforderlichen gezielten Anamnese, welche besonders das Kontrastmittelrisiko einbezieht, ein. Darin wird auch auf die Notwendigkeit einer adäquaten Prämedikation bei Risikopatienten hingewiesen. Der Qualitätsstandard kann nicht nur optimale Röntgenbilder zum Ziel haben, sondern

Tabelle 1. Kriterien der Qualitätssicherung bei der Angiographie

1. Technik	5. Aufnahmetechnik
2. Vorbereitung	6. Bilddokumentation
3. KM-Applikation	7. Überwachung und Nachsorge
4. KM-Dosis	8. Kommunikation

Tabelle 2. Aufnahmetechnische Leitlinien. Aufnahmetisch mit folgenden alternativen Möglichkeiten

Tischtransport

Röhrenkippung

Großkassettentechnik (Weitwinkeltechnik)
DSA mit Großbildverstärker
– automatisches Transportsystem
– bei 40 cm BV 4 Regionen (jedes Bein einzeln)
– bei 24 cm BV 7 Regionen (jedes Bein einzeln)

Aufnahmespannung:	60–70 (90) kV, abhängig vom Patienten
Brennfleckgröße:	$\leq 1,3$ mm (1,0–2,0)
Fokus-Film-Abstand:	70–90 cm (130)
Expositionszeit:	<100 ms (–500 ms)
Streustrahlenraster:	12/40
Zusatzbedingungen bei DSA:	zumindest 2 Bilder/s → Dosis: „pulse mode" <20 µ Gy/Puls „Fluoroscopic mode" <10 µ Gy/Puls
Dokumentation:	→ Direktradiographie (alternativ 100 mm Indirektradiographie), Hardcopy, Laserprinter

Tabelle 3. Vorbereitung der Extremitätenangiographie

1. Aufklärung

2. Gezielte Anamnese

3. Entscheidung:
   – i.a.   – aortal
   – i.v.   – zentral
   – i.a.   – selektiv
   – i.a.   – Indirektradiographie

4. Prämedikation:
   – Keine Psychopharmaka
   – Evtl. Tranxilium 5, Valium 5
   – Bei Risikopatienten: H_1- und H_2-Antagonisten (z. B. Fenistil und Tagamet)
   – Patienten, bei denen schon einmal ein schwerer KM-Zwischenfall stattfand, sollen
     2 Tage vor der Untersuchung 2- bis 3mal täglich 40 mg Urbason erhalten

muß auch die Sicherheit und das positive Allgemeinbefinden des Patienten beachten.

Die Möglichkeiten und die dabei erforderlichen Standards für die Kontrastmittelapplikation sind in Tabelle 4 zusammengefaßt. Sie haben darüber hinaus, unter Berücksichtigung der Med GV, technisch einwandfreie KM-Injektoren als Voraussetzung für maschinelle KM-Injektionen.

Die erforderliche Kontrastmitteldosis ist weitgehend abhängig von den gewünschten dargestellten Details, von der Ausdehnung der Untersuchung und auch von der Fragestellung. Dabei ist zu unterscheiden, ob es sich um eine präoperative Primärdiagnostik oder eine Verlaufskontrolle handelt. Bei Verlaufskontrolle nach Operation oder perkutaner transluminaler Angioplastie kann unter Umständen eine Angiographie überflüssig sein und die Überprüfung einer isolierten Gefäßstrecke nur mit dem Duplexscanning oder auch der Kernspintomographie erfolgen. Die Darstellung des gesamten Gefäßsystems von der Aorta bis zur Peripherie ist jedoch derzeit nur mit KM-Angiographie unter Röntgenbedingungen sinnvoll. Bei den verschiedenen konventionellen und digitalen Untersuchungstechniken variiert entsprechend Tabelle 5 die erforderliche KM-Menge auch bezüglich der Konzentration des gewählten Kontrastmittels. Während bei konventioneller Angiographie mit automatischem Tischtransport 80 ml bei einer Injektion ausreichend sein können und hier sowohl Kontrastmittel mit 300 wie auch 370 mg Jod/ml sinnvoll sind, kann bei digitaler Angiographie eine Kontrastmittelkonzentration von 200 und 300 mg Jod/ml ausreichend sein. Eine adäquate Qualität erfordert Kontrastmittel unterschiedlicher Konzentration mit einem Jodgehalt von 3,0 g Gesamtmenge.

Tabelle 6 weist auf die gelegentliche Notwendigkeit von Schrägprojektionen zusätzlich zu den a.-p.-Projektionen hin. Stenosen an der Hinterwand der

Tabelle 4. Applikation des Kontrastmittels bei der Extremitätenangiographie

Applikationsort	Transfemoral	Transbrachial
Applikation der Nadel	Retrograd in LA	Retrograd in LA
Katheterdicke/-art	5–7 F Pigtail (für die Übersicht), Sidewinder/Cobra	4–5 F Pigtail (für die Übersicht), Koronarkatheter
Applikationsart	über Injektor	über Injektor
Flow	14 (10–18) ml/s	14 (10–18) ml/s
Anstieg	½–1 s	½–1 s
Selektiv: – Flow	5 ml/s	5 ml/s
– Anstieg	1 s	1 s

Tabelle 5. Kontrastmitteldosis bei der Extremitätenangiographie

Konventionell	DSA aortal		DSA selektiv
Tischtransport Einmal 80 ml	Großer BV Simultan bd. Beine 3- bis 5mal 30 (25–40 ml) 150 ml	Mittlerer BV Aorta + Becken 2mal 30 (25–40 ml) 6mal 20 (10–30 ml)	Mittlerer BV Aorta + Becken 2mal 30 (25–40 ml) + jedes Bein 5mal 10 ml (4- bis 6mal)

Tabelle 6. Aufnahmetechnik der Extremitätenangiographie

- Tischtransport automatisch
- Alle Positionen isoliert
- BV-FS mit C-Bogen-Transport
- Lochkartengesteuert
- Digitalgesteuert
- Manuell
- Zusätzlich Schrägaufnahme in Iliaka-Femoralis-Gabel/Poplitea

Tabelle 7. Bildmerkmale der Extremitätenangiographie

- Darstellung der Gefäße von Aorta bis mindestens Unterschenkelmitte
- Spezielle Fragestellung bis Arcus plantaris
- Darstellung der Iliaka-(Femoralis-)Gabel evtl. zusätzlich in 30° Schrägprojektion
- Visuell scharfe Abbildung der Haupt- und Nebengefäße (Kollaterale) bei gutem Kontrast
- Sichere Vermeidung von kritischen Überlagerungen (Verkalkungen, Darmgas)
- Wichtige Bilddetails 1–2 mm
- Kritische Strukturen – Gefäßabgänge

Beckenarterien und an den Aufzweigungsstellen im Becken und an der Leiste werden sonst häufig übersehen.

Tabelle 7 stellt ärztliche Qualitätsforderungen im Hinblick auf die erforderlichen Bildmerkmale, als auch die Definition der kritischen Strukturen dar.

Ohne Frage gehört zur verantwortlichen Organisation bei Angiographien mit Einbringung von Kontrastmitteln wegen des bestehenden Restrisikos eine organisierte Überwachung während der Untersuchung und adäquate Nachsorge mit Bereitstellung der erforderlichen Hilfsmittel für die Zwischenfallbehandlung.

Letztlich ist eine adäquate Informationsübermittlung zum primärbehandelnden Arzt und nachfolgenden Operateur erforderlich. Hier Standards zu definieren erscheint zu früh. Die Zukunft wird hier möglicherweise durch Kommunikationssysteme (Telecom, RIS, PACS) die Übermittlung von analogen oder digitalen Bilddaten unter Ausschaltung von Zeitverlust ermöglichen.

Im Bemühen, Qualitätsstandards zu setzen, muß die Tatsache einbezogen werden, daß sich bei jedem Patienten individuelle Probleme ergeben und Standards nur Richtschnur für das ärztliche Handeln sein können.

Intraarterielle DSA der supraaortalen Gefäße

P. E. Peters, W. Krings, W. Wiesmann und B. Laumen

Einleitung

Die röntgenologische Darstellung des Aortenbogens und der hirnversorgenden Arterien zählt immer noch zu den häufigsten Anforderungen in der Angiographie, obwohl die Indikation zum chirurgischen Eingriff heute zunehmend kritischer beurteilt wird (Marx 1989; Brook et al. 1990).

Im Institut für Klinische Radiologie der Westfälischen Wilhelms-Universität (WWU) betrug der Anteil der Angiographien der hirnversorgenden Arterien im Jahre 1990 20% aller diagnostischen und therapeutischen Maßnahmen an den arteriellen Gefäßen. In über 80% der Fälle erfolgte die Darstellung nach intraarterieller Kontrastmittel(KM)-Applikation als Digitale Subtraktionsangiographie (i.a.-DSA). Die Technik der i.a.-DSA der supraaortalen Äste und die Beurteilung der entstandenen Bilder in Anlehnung an die „Leitlinien der Bundesärztekammer zur Qualitätssicherung in der Röntgendiagnostik" vom 9. 12. 1988 sind Gegenstand dieser Ausführungen.

Untersuchungstechnik

Unsere eigenen Erfahrungen basieren auf mehr als 1000 i.a-DSA-Untersuchungen der supraaortalen Äste, die in den Jahren 1984–1990 an einem Siemens Digitron und einer Philips DVI-S-Anlage durchgeführt wurden. Beide Systeme arbeiten rein digital mit einer Matrix von 512 · 512 Bildpunkten.

Aufklärung

Die Aufklärung für die geplante Angiographie erfolgt in der Regel am Tage vor dem Eingriff. Aufgeklärt wird über die Risiken der verschiedenen Zugangswege – transfemoral, transbrachial – und über die anderen möglichen Komplikationen. Bei diesem Gespräch, das in der Regel von dem Arzt/der Ärztin geführt wird, der/die am Folgetag die Angiographie vornimmt, werden auch alle anamnestisch relevanten Fragen gestellt, die die Prämedikation beeinflussen.

Vorbereitung

Der Patient darf unlimitiert trinken, soll aber wenigstens 4 h vor der Angiographie keine feste Nahrung mehr zu sich genommen haben. Wir prämedizieren alle Angiographiepatienten mit H_1- und H_2-Antagonisten in Form einer Kurzinfusion. Die Dosierung richtet sich nach dem Körpergewicht. Für die Mehrzahl unserer Patienten genügen zwei Ampullen (8 ml) Dimetindenmaleat (Fenistil) bzw. 2 Ampullen (10 ml) Clemastinhydrogenfumarat (Tavegil) und 2 Ampullen (8 ml) Cimetidin-HCl (Tagamet) in 50 ml physiologischer Kochsalzlösung, die über 20 min langsam infundiert werden. Beim Vorliegen spezieller Risikofaktoren wird das Prämedikationskonzept in Absprache mit den Anästhesisten abgewandelt, u. U. wird dann die Untersuchung im Beisein der Anästhesisten durchgeführt.

Aufnahmetechnische Parameter

Bei programmierter Aufnahmetechnik werden die aufnahmetechnischen Parameter durch die Probeaufnahme und die Belichtungsautomatik geregelt. Mit der Wahl der Bildfrequenz werden diese Faktoren jedoch beeinflußt. Unser Standardprogramm bei der i.a.-DSA des Aortenbogens und der supraaortalen Gefäße sind 2 Bilder/s. Abweichungen nach unten oder oben sind selten erforderlich. Die Strahlendosis am Bildverstärkereingang hinter dem Raster ist bei unseren Anlagen auf 5 µGy/Bild begrenzt. Für die i.a.-DSA der Karotisbifurkation ist ein Dichteausgleich erforderlich. Dazu dienen spezielle DSA-Filter vor der Röhre und/oder Reismehlsäcke über den Halsweichteilen.

Kathetertechnik

Als Standardverfahren erfolgt die i.a.-DSA nach Punktion der A. femoralis mit einer sehr dünnen Punktionsnadel (19 G), über die ein 0,035-Führungsdraht und dann ein dünnwandiger 4-F-Pigtailkatheter eingeführt wird. Dieser wird unter Durchleuchtungskontrolle in die Aorta ascendens plaziert, so daß die Seitenlöcher gering herzwärts vor den Abgängen der supraaortalen Äste liegen.

In dieser Katheterposition werden 4 Kontrastmittelserien in unterschiedlichen Projektionen vorgenommen.

Genügen die entstehenden Bildserien nicht den Qualitätskriterien (s. unten), wird in gleicher Sitzung ein 5-F-Katheter in Sidewinderkonfiguration eingewechselt und die Untersuchung als selektive Karotisangiographie beendet. Daneben gibt es auch Indikationen zur primär selektiven Darstellung der hirnversorgenden Arterien (s. Tabelle 1).

Tabelle 1. I.a.-DSA der supraaortalen Gefäße – Standardempfehlung

Primär selektives Vorgehen:
– Zur Vorbereitung komplexer neurochirurgischer gefäßchirurgischer Eingriffe
– Bei Verdacht auf tumorösen Prozeß
– Bei Verdacht auf Gefäßmalformation
– Bei V. a. Beteiligung intrakranieller Gefäße
– Bei V. a. Dissektion/traumatische Schädigung der A. carotis

Aortenbogeninjektion und 4 Standardprojektionen, wenn damit die Qualifikationskriterien nicht zu erfüllen sind, in gleicher Sitzung ergänzende selektive Angiographie

Kontrastmittelapplikation

Für die Aortenbogeninjektion verwenden wir je 20 ml eines nichtionischen Kontrastmittels mit 370 mg Jod/ml. Die Flußrate beträgt 13 ml/s. Bei dem dünnwandigen 4-F-Katheter entsteht hierbei ein Druck von 7–7,5 Mio. Pa an der Injektionsspritze. In jedem Fall muß sichergestellt sein, daß das Kontrastmittel im Wasserbad auf Körpertemperatur angewärmt wurde, um die Viskosität herabzusetzen.

Nach selektiver Sondierung werden für die A. carotis 5 ml nichtionischen Röntgenkontrastmittels von Hand injiziert. Dabei beträgt die Jodkonzentration durch Verdünnung zwischen 200 und 300 mg Jod/ml. Bei diesem Vorgehen liegt der gesamte KM-Verbrauch pro Untersuchung bei 80–100 ml für die mehrfachen Aortenbogeninjektionen und bei ca. 50–60 ml für die Aortenbogenübersichtsangiographie mit nachfolgenden selektiven Injektionen.

Aufnahmetechnik – Projektionen

Die 4 Standardprojektionen der i.a.-DSA entsprechen denen der i.v.-DSA (s. Tabelle 1). Da das Bildergebnis sofort vorliegt, kann auch sofort entschieden werden, ob die vorliegende Serie den diagnostischen Anforderungen genügt. In ca. 30% der Fälle ist eine 5. Injektion wegen Überlagerung oder Bildartefakten erforderlich.

Primär selektiv geplante Untersuchungen der supraaortalen Gefäße beginnen auch mit einer Aortenbogenüberrsichtsangiographie in RPO-Projektion mit großem Bildverstärkereingang. Die selektiven Serien werden dann mit dem 25-cm- oder 17-cm-BV-Eingang untersucht, wobei man jedes Gefäß in 2 möglichst senkrecht zueinander stehenden Ebenen darstellt. Die für die Dokumentation des pathologischen Befundes am besten geeignete Projektion wird nach dem Durchleuchtungsbefund festgelegt.

Bildnachbearbeitung – Dokumentation

Beide DSA-Systeme, mit denen wir Erfahrungen haben, sind mit vielfältigen Nachbearbeitungsmöglichkeiten ausgestattet, die auch bei der arteriellen KM-Applikation regelmäßig eingesetzt werden. Im einzelnen stehen folgende Nachbearbeitungsmöglichkeiten zur Verfügung:

- Fenstertechnik,
- elektronische Vergrößerung (Zoom),
- Wahl einer neuen Maske,
- Phasensubtraktion,
- Integration mehrerer Bilder,
- elektronische Bildrasterverschiebung (Pixelshifting),
- Kantenbetonung,
- anatomische Zuordnung der subtrahierten Bilder („landscaping").

Die Dokumentation geschieht als Hardcopy mit einer Multiformat- oder Laserkamera.

Nachsorge

Nach angemessener Kompression der Punktionsstelle (15 min nach Stoppuhr) wird der Patient mit einem Nachsorgebogen auf die zuweisende Station verlegt. Im Nachsorgebogen werden exakte Anweisungen gegeben, ob und zu welchen Zeitpunkten Blutdruck und Puls überprüft werden müssen. Das Standardvorgehen sieht hier so aus, daß Blutdruck und Puls in den ersten 2 h nach Angiographie im Abstand von 30 min, dann noch 2mal im Abstand von 60 min überprüft werden. Diese Vorsichtsmaßnahmen sind bei langdauernden Katheteruntersuchungen und bei interventionellen Eingriffen naturgemäß von größerer Bedeutung. Bei der i.a.-DSA der supraaortalen Gefäße haben wir seit der Einführung der dünnen Punktionsnadeln und des dünnen Kathetermaterials keine postangiographischen Blutungskomplikationen mehr erlebt.

Daher besteht auch grundsätzlich die Möglichkeit, derartige Untersuchungen ambulant durchzuführen. In diesem Fall wird der Patient in unserem Institut 6 h nach arterieller DSA überwacht und dann mit speziellen Richtlinien nach Hause entlassen. Zu diesem Zeitpunkt ist bei komplikationslosem Verlauf kein Liegendtransport mehr erforderlich. Eine häusliche Betreuung muß aber gewährleistet sein, ebenso wird in diesen Fällen der Hausarzt von der Untersuchung telefonisch unterrichtet.

Da wir in der glücklichen Lage sind, über eine begrenzte Anzahl von sog. Observationsbetten zu verfügen, zieht es die Mehrzahl der Patienten vor, die Nacht im Krankenhaus zu verbringen. Wir lassen aber auch die stationären Patienten in der Regel 6 h nach der i.a.-DSA aufstehen und haben auch bei diesem Patientengut keine verzögerten Blutungskomplikationen erlebt.

Diagnostische Qualitätskriterien der i.a.-DSA

In der Diskussion mit Fachkollegen zum Thema Qualitätssicherungsmaßnahmen hört man häufig das Argument: „. . . ob die Aufnahme gut ist oder nicht, das sieht man doch!" In der Tat hat jeder radiologisch tätige Arzt sein Engramm von einer guten Aufnahme, aber nicht alle haben das gleiche Engramm! Die mit der novellierten Röntgenverordnung geschaffenen „ärztlichen Stellen" beurteilen nicht nur Aufnahmen von Prüfkörpern, sondern auch Aufnahmen aus der täglichen Praxis. In ähnlicher Weise verfahren die sog. Röntgenkommissionen der Kassenärztlichen Vereinigung, die teils gemeinsam mit den ärztlichen Stellen, teils getrennt Maßnahmen der Qualitätssicherung durchführen. Für diese Tätigkeiten, die ja auch rechtliche Konsequenzen für den Praxisinhaber haben können, müssen die diagnostischen Qualitätskriterien schriftlich niedergelegt, von Experten beraten und von den Gremien der ärztlichen Selbstverwaltung verabschiedet werden.

Dabei bleibt es nicht aus, daß man scheinbar triviale Dinge zu Papier bringt, von denen man selbst überzeugt ist, daß es sich um Binsenweisheiten handelt, da ohnehin jeder so verfährt. Aber die Erfahrung lehrt, daß die individuelle Variationsbreite der Qualitätsbeurteilung recht groß ist, und daß die scheinbar trivialen Merkmale sich bei kritischer Befragung im Expertenkreis zu einer sehr komplizierten Materie entwickeln können. Somit dienen die diagnostischen Qualitätskriterien den Erfordernissen der Gleichwertigkeit (Stender u. Stieve 1990). Unabhängig von der radiologischen „Schule", unabhängig von der verwendeten Röntgenanlage und unabhängig vom Erfahrungsstand des Untersuchers sollen überall im Geltungsbereich der Röntgenverordnung und sicher bald im geeinten Europa bestimmte Basisanforderungen an die Bildqualität gelten. Diese müssen so allgemein formuliert werden, daß sie tatsächlich für alle denkbaren Anwender bei gutem Willen einzuhalten sind. Die nachfolgenden Vorschläge für diagnostische Qualitätskriterien der i.a.-DSA sollen die Grundlage für eine offene Diskussion im Expertenkreis sein.

Nach den Leitlinien der Bundesärztekammer zur Qualitätssicherung in der Röntgendiagnostik gliedern sich die ärztlichen Qualitätsanforderungen in:

- charakteristische Bildmerkmale,
- wichtige Bilddetails und
- kritische Strukturen.

Charakteristische Bildmerkmale

Die charakteristischen Bildmerkmale der i.a.-DSA der supraaortalen Gefäße müssen abschnittsweise besprochen werden – wie auch die Angiogramme abschnittsweise angefertigt werden.

Für die Darstellung des Aortenbogens ist es entscheidend, durch eine geeignete Lagerung des Patienten oder durch entsprechende Rotation von Röntgenröhre und Bildverstärker zu gewährleisten, daß der in der Regel nach links und dorsal verlaufende Aortenbogen vollständig aufgedreht wird und damit in ganzer Länge einsehbar ist. Dies wird durch eine Lagerung des Patienten mit Anhebung der linken Schulter oder bei Verwendung eines C-Bogens mit Untertischröhre durch die RPO-Projektion erreicht. Mit dieser Aortenbogenübersichtsaufnahme sollen zugleich die Abgänge aller hirnversorgenden Arterien, des Truncus brachiocephalicus und der linken A. subclavia überlagerungsfrei und gut kontrastiert dargestellt sein. Am unteren Bildrand sollte die innere Kontur des Aortenbogens sichtbar sein (Neufang et al. 1984; s. Tabelle 2). Diese Forderung läßt sich bei jungen Patienten meist recht gut erfüllen. Bei altersbedingter Elongation des Aortenbogens und der Äste sind oft mehr als eine Kontrastmittelserie erforderlich, um alle Abgänge überlagerungsfrei darzustellen.

Tabelle 2. I.a.-DSA der supraaortalen Gefäße – Bildmerkmale

Aortenbogenübersicht:
- Aortenbogen vollständig aufgedreht
- Abgänge des Truncus brachiocephalicus, der linken A. carotis communis und der linken A. subclavia sowie Abgänge der rechten A. carotis, der rechten A. subclavia und beider Aa. vertebralia überlagerungsfrei und gut kontrastiert dargestellt
- Untere Bildgrenze: innere Kontur des Aortenbogens

Intrakranieller Gefäßverlauf (bei Aortenbogeninjektion)
- A.-p.-Projektion der A. carotis interna bds. bis zur Aufzweigung in die Endäste
- A.-p.-Projektion der A. vertebralis bds. und der A. basilaris

---

Die klinische Relevanz dieser Forderung ist beträchtlich: Nach Vollmar betreffen 9% der hämodynamisch signifikanten Stenosen den Truncus brachiocephalicus, weitere 9% die A. carotis communis außerhalb der Bifurkation und 16% die Aa. subclaviae (Vollmar 1975). Die monomane Konzentration der diagnostischen Aufmerksamkeit auf die Karotisbifurkation ist danach nicht gerechtfertigt, da eine nicht entdeckte Stenose im Abgangsbereich logischerweise das perfekteste Operationsergebnis an der Karotisbifurkation seiner Wirkung beraubt.

Die Karotisbifurkationen beider Seiten sollten in je 2 Ebenen überlagerungsfrei und gut kontrastiert dargestellt sein. Bei der elektronischen Bildnachbearbeitung sollte darauf geachtet werden, daß die Gefäße nicht zu kontrastreich wiedergegeben werden. Erwünscht ist eine transparente Ausspielung, bei der man auch Plaques an der Vorder- oder Hinterwand durch Änderung der Grauabstufungen erkennen kann. Diese Gefäßkontrastierung wird bei der intraarteriellen KM-Applikation auch durch die Jodkonzentration des Kontrastmittels maßgeblich beeinflußt, daher werden bei selektiver KM-Gabe in eine der hirnversorgenden Arterien auch verdünnte KM-Lösungen verwendet.

Der intrakranielle Gefäßverlauf ist bei der KM-Injektion in den Aortenbogen nur bedingt zu beurteilen. Für die klinischen Fragestellungen, für die die Aortenbogeninjektion indiziert ist, genügt es, wenn in der a.p.-Projektion die A. carotis interna beider Seiten bis zur Aufzweigung in die Endäste kontrastreich dargestellt ist. Diese Einstellung dient dazu, Stenosen der A. carotis interna jenseits der Karotisbifurkation aufzudecken. Nach Hass et al. werden reine intrakranielle Stenosen in 6% und kombinierte extra- und intrakranielle Stenosen in bis zu 33% der Patienten mit hämodynamisch signifikanter Stenosierung der hirnversorgenden Arterien angetroffen (Hass et al. 1968).

Die A. vertebralis beider Seiten wird in gleicher Projektion beurteilt, sie soll wenigstens bis zur A. basilaris verfolgt werden können (s. Tabelle 2).

Wichtige Bilddetails

Darunter versteht man Abmessungen von Einzelstrukturen und Musterelementen im Röntgenbild, die als charakteristische Teile des Gesamtbilds wesentliche diagnostische Bedeutung besitzen und ausreichend wahrnehmbar dargestellt sein sollen (Qualitätskriterien röntgendiagnostischer Untersuchungen 1989).

Die meßbaren Größen bei der i.a.-DSA werden bestimmt von der Matrixgröße der DSA-Anlage und dem Eingangsdurchmesser des Bildverstärkers (BV). Bei der uns verwendeten Matrixgröße von 512 · 512 Bildpunkten variiert die räumliche Auflösung je nach Eingangsdurchmesser des BV von 0,5–1,7 Linienpaaren/mm. Dies entspricht einer Pixelbreite zwischen 0,3 und 0,66 mm. Pixelbreiten bis zu 1 mm können nach dem gegenwärtigen Stand der Technik toleriert werden.

Kritische Strukturen

Kritische Strukturen im Sinne der Leitlinien der Bundesärztekammer sind die Merkmale des Röntgenbilds, die für die diagnostische Aussage wichtig und für die Qualität des Bilds repräsentativ sind. Übertragen auf die i.a.-DSA der supraaortalen Gefäße muß man daher fordern, daß alle diagnostisch relevanten Gefäßstrukturen im gesamten Verlauf scharf begrenzt dargestellt sind. Pathologische Befunde sollten in zwei zueinander senkrecht stehenden Ebenen dokumentiert werden.

Durch die Subtraktion des Untergrunds kann es für den Operateur gelegentlich schwierig sein, den pathologischen Befund anatomisch exakt einzuordnen. Daher empfiehlt es sich, bei der Dokumentation zusammen mit dem Subtraktionsbild ein Bild der Maske aufzunehmen, damit die anatomische Zuordnung anhand knöcherner Leitstrukturen zweifelsfrei gelingt. Den gleichen Effekt erzielt man mit speziellen elektronischen Nachbearbeitungsprogrammen, die in den neueren DSA-Geräten serienmäßig vorhanden sind („landscaping").

Diskussion

Zu allen Zeiten haben sich verantwortungsvolle Ärzte um die Qualität ihrer Arbeit bemüht. Insofern wird mit dem Gesundheitsreformgesetz (GRG) vom 20. 12. 1988, in dem die Qualitätssicherung im Gesundheitswesen gesetzlich verankert ist, nur etwas von Staats wegen reguliert, was ohnehin Anliegen der Ärzte war. Dennoch schaffen solche Regelungen Verdruß, weil sich die Ärzte als Freiberufler verstehen und allen staatlichen Eingriffen in ihrer Berufsausübung mißtrauen. Die Rede ist von der „Richtlinienmedizin", die die Freiheit des Arztberufs gefährdet.

Mit den Qualitätskriterien sollte man nicht zu hart ins Gericht gehen; denn sie dienen mit Sicherheit den Patienten. Die Reduzierung der Strahlenexposition auf das erforderliche Maß (ALARA-Prinzip) liegt zweifelsfrei im Interesse der Radiologie – und sollte sich der Traum von der Kostensenkung im Gesundheitswesen durch qualitätssichernde Maßnahmen erfüllen, wären wir Radiologen sicher nicht dagegen.

Leichter als in vielen anderen Zweigen der Medizin lassen sich in der radiologischen Diagnostik aufnahmetechnische Parameter definieren, Bilddetails messen und kritische Strukturen beschreiben. Wir sollten diesen Vorteil nutzen. Unbestritten bleibt ein riesengroßer Bereich ärztlichen Handelns, der nicht mit einfachen Maßnahmen reguliert werden kann: die Indikationsstellung zur bildgebenden Diagnostik, die Wahl der geeigneten Sequenz bildgebender Verfahren, die Interpretation der Befunde und vieles mehr. Vor diesem Hintergrund ist auch die Diskussion der i.a.-DSA unter Qualitätsgesichtspunkten nicht ganz so erfüllend wie eine Differentialdiagnose seltener Befunde, aber wir müssen uns mit dieser Thematik auseinandersetzen und wir müssen uns unsere Kriterien selbst erarbeiten. Richtig schlimm wird es erst, wenn uns fachfremde Beamte die Regeln unseres ärztlichen Handelns vorschreiben.

Literatur

Brook RH et al. (1990) Predicting the appropriate use of carotid endarterectomy, upper gastrointestinal endoscopy, and coronary angiography. N Engl J Med 323:1173–1177

Hass WK, Fields WS, North RR et al. (1968) Joint study of extracranial arterial occlusion. II Arteriography, techniques, sites and complications. JAMA 203:961–968

Marx P (1989) Karotis-Endarteriektomie. Ein vertretbares Risiko für Prophylaxe ischämischer Insulte? Fortschr Med 107:727–732

Neufang KFR, Beyer D (1988) Digitale Subtraktionsangiographie in Klinik und Praxis. Springer, Berlin Heidelberg New York Tokyo

Neufang KFR, Peters PE, Friedmann G et al. (1984) Die Aortenbogenangiographie in der präoperativen Diagnostik zerebraler Gefäßerkrankungen – Vergleich von konventioneller Technik und intraarterieller DSA. ROFO 144:43–49

Stender HS, Stieve FE (1990) Bildqualität in der Röntgendiagnostik. Deutscher Ärzteverlag, Köln

Vollmar J (1975) Rekonstruktive Chirurgie der Arterien. Thieme, Stuttgart

Qualitätssicherung bei der intraarteriellen Applikation von Röntgenkontrastmitteln: Intrakranielle und spinale Anwendung

K. Sartor, M. Forsting und U. Meyding-Lamadé

Die radiologische Gefäßdarstellung von Gehirn und Rückenmark hat sich infolge technischer bzw. pharmakologischer Entwicklungen in den letzten Jahren gewandelt. So ist es mit der Einführung der digitalen Subtraktionsangiographie (DSA) und nichtionischer Kontrastmittel (KM) zu einer Änderung in den Rahmenbedingungen der Neuroangiographie gekommen. Die Computertomographie und neuerdings die Magnetresonanztomographie haben daneben das Indikationsspektrum besonders der zerebralen Angiographie modifiziert. Anders als früher werden Hirntumorpatienten heute nur noch selten angiographiert, gewöhnlich nur dann, wenn vor dem chirurgischen Eingriff die Devaskularisierung einer vermutlich gefäßreichen Geschwulst durch Embolisation angestrebt wird oder wenn noch differentialdiagnostische Fragen offen sind. Unverändert häufig sind Untersuchungen bei Verdacht auf Gefäßverschlußkrankheit, besonders wenn Hoffnung auf eine ätiologische Klärung, Voraussetzung für gezielte Behandlung, besteht. Auch zur Darstellung von Aneurysmen und Angiomen ist die invasive Angiographie, trotz schon beeindruckender Leistungen der MR-Angiographie, vorerst unverzichtbar. Ziel des neuroangiographisch tätigen Radiologen muß sein, die diagnostische Qualität der Einzeluntersuchung zu optimieren, zugleich aber alles zu beachten, was Komplikationen verhütet und daher auch die Komplikationsrate, Qualitätskriterium einer Vielzahl von Untersuchungen, niedrig hält.

Applikationsform

Ein Angiographiekontrastmittel, gleichgültig ob es gewöhnlich intravenös oder intraarteriell appliziert wird, muß möglichst gut verträglich sein und die Blutgefäße kontrastreich darstellen. Bei ausgezeichneten Kontrasteigenschaften haften den konventionellen, ionischen Röntgenkontrastmitteln einige Verträglichkeitsprobleme an. Ihre Neurotoxizität beispielsweise kann über eine osmotische Schädigung der Bluthirnschranke zu erhöhter Kapillarpermeabilität mit Mikroblutungen und zum Hirnödem führen. Klinisches Korrelat dieser Eigenschaft sind, glücklicherweise selten auftretende, epileptische Anfälle und kortikale Blindheit bei der zerebralen Angiographie bzw. Myoklonien bei der spinalen Angiographie (Junck u. Marschall 1983). Weiter können die hämodynamischen und kardiovaskulären Nebenwirkungen ionischer Kontrastmittel bei zerebrovaskulärer Erkrankung zu transienten oder permanenten neurologischen Ausfällen führen. Der durch den osmotischen Druck dieser Substanzen hervorgerufene Gefäßschmerz führt überdies oft zu körperlichen Reaktionen seitens des Patienten und damit zu Bewegungsartefakten, besonders wenn die Untersuchung als DSA durchgeführt wird.

Die Einführung der teureren nichtionischen Kontrastmittel ist von heftigen Kontroversen um den Kosten-Nutzen-Effekt begleitet worden (Fisher 1987; McClennan 1987; Skalpe 1988). In einer großangelegten japanischen Untersuchung (338 000 Patienten; i.v.-Applikation) ließen sich durch Verwendung nichtionischer Kontrastmittel subjektive Mißempfindungen und neurotoxische Effekte fast völlig vermeiden, und die Zahl schwerer, lebensbedrohlicher Kontrastmittelreaktionen konnte um den Faktor 5 gesenkt werden (Katayama et al. 1990). Nachteilig ist allerdings, daß die neuen Kontrastmittel die Blutgerinnung ungünstig beeinflussen: Der in der Vergangenheit kaum beachtete gerinnungshemmende Effekt der ionischen Kontrastmittel entfällt, und es kommt statt dessen zu einer Thrombininduktion (Fareed et al. 1990, Kopko et al. 1990). Die erhöhte Thrombogenität nichtionischer Kontrastmittel in Glasspritzen sollte zum Gebrauch von Plastikspritzen führen, und als weitere Vorsichtsmaßnahme empfehlen sich häufig intermittierendes oder kontinuierliches Spülen des Katheters mit heparinisierter Kochsalzlösung sowie Minimierung der Kontaktzeit zwischen Blut und Kontrastmittel. Manche Autoren raten sogar, dem Kontrastmittel Heparin (5 IE/ml) hinzuzufügen, damit der Thrombinbildung entgegengewirkt wird. Das Ergebnis einer Umfrage an amerikanischen Zentren hat andererseits deutlich gemacht, daß ein klares Konzept für den Heparineinsatz noch fehlt und deshalb auch keine verläßlichen Daten über den Wert oder Unwert dieser Maßnahme vorliegen (Miller 1989). Die international zunehmende Verwendung nichtionischer Kontrastmittel läßt es ratsam erscheinen, daß dieser Sachverhalt bald prospektiv geklärt wird.

Applikationsart

Das Grundprinzip der neuroradiologischen Gefäßdiagnostik ist die überlagerungsfreie, selektive oder superselektive Darstellung zerebraler bzw. spinaler Arterien, Kapillaren und Venen; der Weg des Kontrastmittels in der Blutbahn wird dabei mit Hilfe von Röntgenserienaufnahmen verfolgt. In den meisten Fällen werden pro injiziertes Gefäß Aufnahmen in zwei unterschiedlichen Ebenen angefertigt, entweder simultan (wie Standard bei der Blattfilmangiographie) oder nacheinander (wie die Regel bei der DSA). In der *zerebralen Angiographie* sind die früher vielfach geübte Karotisdirektpunktions- und die Brachialisgegenstromtechnik inzwischen fast ganz zugunsten der (in aller Regel transfemoralen) Kathetertechnik verlassen worden; letztere erlaubt es, alle relevanten Gefäßterritorien über *eine* Punktionsstelle zu erreichen. Die i.v.-DSA hat sich als unzureichend zur Darstellung der intrankraniellen Gefäße erwiesen und ist bei älteren, oft multimorbiden Patienten angesichts der nötigen großen Kontrastmittelmengen auch nicht ohne Risiko (Aaron et al. 1984). In der Darstellung der großen hirnversorgenden Arterien am Hals reicht die i.v.-DSA bestenfalls an die Ultraschalldiagnostik heran und hat daher als invasives Verfahren kaum eine Indikation (Peters et al. 1988).

Die gängige Angiographietechnik ist heute, neben der konventionellen Blattfilmangiographie, die intraarterielle DSA. Je nach Indikation werden Aortenbogen- oder Selektivdarstellungen durchgeführt, und vor interventionellen Maßnahmen ist unter Umständen eine superselektive Sondierung und Kontrastierung intrakranieller Arterien notwendig. Ein Nachteil der Globalinjektion in den Aortenbogen ist, daß die intrakraniellen Gefäße nur mit zahlreichen Schrägprojektionen überlagerungsfrei dargestellt werden können. Eine Aortenbogendarstellung mag zwar zur Abklärung der extrakraniellen Karotis- und Vertebralisabschnitte ausreichen, genügt aber nicht zur Analyse der intrakraniellen Gefäßverhältnisse (Sartor 1988). Selbst wenn arteriosklerotische Gefäßwandveränderungen auf die extrakranielle Karotisgabel beschränkt sind, ist zur Beurteilung der Operabilität eine ausreichende Kenntnis des intrakraniellen Gefäßstatus erforderlich (die alternativ unter Umständen auch mit der transkraniellen Dopplersonographie gewonnen werden kann). Die selektive Angiographie ist daher im allgemeinen der alleinigen Aortenbogenangiographie vorzuziehen.

Ein zur zerebralen Angiographie verwendeter Katheter sollte zwar weich sein, damit er die Gefäßintima nicht verletzt, muß zugleich aber über eine ausreichende Drehstabilität verfügen; unter Röntgenfernsehdurchleuchtung muß er auch ohne Füllung mit Kontrastmittel gut sichtbar sein. Bei jungen, nicht arteriosklerotisch vorgeschädigten Patienten gelingt die selektive Darstellung sämtlicher Zuflüsse zum vorderen und hinteren Hirnkreislauf mit einem 5-F-Universalkatheter, dessen Spitze nur eine kurze, ca. 45°-Biegung aufweist. Bei älteren Patienten mit arteriosklerotisch veränderten, oft stark geschlängelten Gefäßen ist für die kraniozerebrale Angiographie in der Regel ein Katheter mit stärkerer, nötigenfalls doppelter Endkrümmung notwendig. In Einzelfällen kann es sogar hilfreich sein, zur Verkürzung der komplikationsträchtigen Sondierungsphase einen etwas dickeren und steiferen Katheter (6 F) zu wählen. Da man bei diesen Patienten ohnehin meist auf selektive Injektionen der Aa. carotis interna/externa zugunsten einer Injektion der A. carotis communis verzichtet, wächst das Thromboembolierisiko kaum. Die Verwendung einer Einführschleuse ist in mehrfacher Hinsicht vorteilhaft: Sie minimiert die Traumatisierung der A. femoralis, erleichtert die selektive Sondierung der hirnversorgenden Arterien und gestattet einen raschen Katheterwechsel. Bei Säuglingen und Kleinkindern werden Katheter der Kaliber 3–4 F eingesetzt, und wiederum haben, entsprechend kleine, Einführschleusen ihren Platz, weil sie die Torsion der A. femoralis durch Sondierbewegungen verhindern und dadurch die gefürchteten Gefäßspasmen reduzieren. Zur Erleichterung der selektiven Sondierung verwenden wir seit einigen Jahren fast nur noch antithrombotisch beschichtete Führungsdrähte der Fa. Terumo (Tokio), die für bestimmte Zwecke speziell geformt werden können (Stocker 1990). Die früher geübte Praxis, einen unter Durchleuchtung schlecht sichtbaren Katheter mit Kontrastmittel zu füllen, sollte wegen der erwähnten Thrombogenität der nichtionischen Kontrastmittel unterbleiben. Zur Vermeidung thromboembolischer Komplikationen muß der Angiographiekatheter im übrigen regelmäßig gespült werden, besonders nach Verwendung des Führungsdrahts oder nach Kontrastmittelinjektion. Das kann entweder intermittierend manuell oder kontinuierlich mit einer Infusionspumpe geschehen; wir selbst spülen kontinuierlich mit heparinisierter physiologischer Kochsalzlösung (5000 IE/500 ml).

Angesichts der Forderungen nach Kostendämpfung in der Medizin wird zunehmend auch die Möglichkeit einer ambulanten i.a.-Angiographie in Erwägung gezogen. Mit der Verfügbarkeit von DSA, dünnen und dennoch verhältnismäßig drehstabilen Kathetern (4 F) sowie gut verträglichen, nichtionischen Kontrastmitteln sind die Voraussetzungen dafür prinzipiell gegeben; sowohl der transfemorale als auch der transbrachiale bzw. transaxilläre Zugang kommen in Frage. Einschlägige Studien aus den USA lassen keine Häufung zentralnervöser Nebenwirkungen bei dieser Form der zerebralen Angiographie erkennen (Huckman 1988).

Eine vollständige *spinale Angiographie* erfordert Kontrastmittelinjektionen aller potentiell das Rückenmark versorgender Arterien; die normale oder pathologisch veränderte A. spinalis anterior sollte auf möglichst allen Höhen eindeutig identifizierbar sein. Wegen der relativ geringen Ortsauflösung und der Artefaktanfälligkeit (Bewegungsartefakte durch Darmperistaltik) der DSA wird der konventionellen Blattfilmangiographie im Spinalbereich oft noch der Vorzug gegeben. Die wechselnde Weite der Aorta und die Unterschiedlichkeit der Gefäßabgänge machen häufig einen Katheterwechsel nötig, so daß die Verwendung einer Schleuse gerade bei der spinalen Angiographie ratsam ist. Damit Intimaverletzungen und Gefäßspasmen vermieden werden, sollte das Katheterende nicht zu spitz ausgezogen sein; kurz nach der Kontrastmittelinjektion sollte es wieder aus dem Gefäßostium herausgenommen werden (Forbes et al. 1988). In der Regel beginnen wir die spinale Angiographie mit einem 5-F-Cobra-Katheter, aber bei Ektasie und Elongation der Aorta ist oft eine Anpassung von Katheterform und -kaliber an die individuellen anatomischen Gegebenheiten erforderlich. Eine von der Cobra-Form abweichende Katheterkonfiguration muß auch bei jüngeren Patienten ohne Arteriosklerose der Aorta oft dann gewählt werden, wenn die engeren und dichter beieinanderliegenden oberen Interkostalarterien zu sondieren sind.

Kontrastmitteldosierung

Wenn schon im Hinblick auf Katheterwahl und Untersuchungstechnik relativ wenig Allgemeingültiges zur Erzielung optimaler diagnostischer Qualität gesagt werden kann, ist das noch deutlicher der Fall bei der Kontrastmitteldosierung bzw. den Injektionsbedingungen. Die in den Tabellen 1 und 2 genannten Zahlen sind daher nur Anhaltswerte. Verglichen mit der konventionellen An-

Tabelle 1. Kontrastmittelapplikation bei der zerebralen Angiographie

	Dosis [ml]	Flow [ml/s]	Konzentration [mg Jod/ml]
Blattfilmangiographie:			
– Aortenbogen	40–60	20–25	300–370
– A. carotis communis	10–12	8–10	300
– A. carotis interna	8	6	300
– A. carotis externa	4	3	300
– A. vertebralis	7	6	300
Intraarterielle DSA			
– Aortenbogen	20–30	15–20	300
– A. carotis communis	6– 8	manuell	300
– A. carotis interna	6	manuell	150
– A. carotis externa	3	manuell	150
– A. vertebralis	6	manuell	150

Tabelle 2. Kontrastmittelapplikation bei der spinalen Angiographie [a]

	Dosis [ml]	Flow [ml/s]	Konzentration [mg Jod/ml]
A. intercostalis	3– 5	manuell	300
A. lumbalis	4– 6	manuell	300
A. vertebralis	5– 7	manuell	300
A. subclavia	10–12	8–12	300
Truncus thyrocervicalis	3– 6	manuell	300
Truncus costocervicalis	3– 6	manuell	300
A. iliaca interna	10–12	8–12	300
Aorta thoracica	30–60	20–25	300

[a] Untere Werte der Kontrastmittelmengen bei Einsatz der DSA

giographie erlaubt die DSA wegen ihrer hohen Kontrastauflösung prinzipiell eine Reduktion von Kontrastmittelmenge und Jodgehalt. Die übliche Konzentration von 150 mg Jod/ml kann durch Verdünnung von Kontrastmittel der Konzentration 300 mg Jod/ml mit physiologischer Kochsalzlösung erreicht werden, wenngleich die fertige Lösung auch kommerziell erhältlich ist. Der möglichen Kontrastmitteleinsparung wirkt allerdings vielerorts noch entgegen, daß die DSA nur im Einebenenbetrieb durchgeführt werden kann und daher wenigstens eine Kontrastmittelinjektion pro Gefäß und Ebene nötig ist. Die gegenüber der konventionellen Angiographie geringere Ortsauflösung der DSA (5 bzw. 2 Linienpaare/mm) kann bei der Darstellung dünnkalibriger Blutgefäße zudem eine Erhöhung der Kontrastmitteldosis nötig machen. Über das Signal-Rausch-Verhältnis (S/R) ist die Ortsauflösung von der effektiven Bilddosis und der Kontrastmittelkonzentration abhängig. Sollen also dünne Gefäße sichtbar werden, muß man die Konzentration oder die Bilddosis erhöhen. Wird statt eines Kontrastmittels mit Jodgehalt 150 mg/ml ein solches mit

Jodgehalt 300 mg/ml verwendet, läßt sich die Strahlendosis auf ein Viertel senken. Auch die nötige S/R-Steigerung bei Erhöhung der Bildmatrix von 512 und 1024 sollte angesichts der guten Verträglichkeit der nichtionischen Kontrastmittel besser über die Jodkonzentration als über die Strahlendosis erreicht werden (Gmelin u. Arlart 1987). Eine Kontrastmittelmenge von 200 ml sollte nicht überschritten werden.

Injektionsgeschwindigkeiten und Aufnahmezeiten

Konrastmittelkonzentrationen und Injektionsraten sind in den Tabellen 1 und 2 angegeben. Für die Injektion der großen Kontrastmittelmengen bei der Aortenbogenangiographie benötigt man eine automatische Druckspritze. Bei selektiver Darstellung der hirnversorgenden Arterien, besonders mit der i.a.-DSA, genügt die manuelle Injektion. Die maschinelle Injektion führt andererseits zu einer besseren Bolusgeometrie mit Trennung in eine arterielle, kapilläre und venöse Phase und reduziert auch die Strahlenbelastung des Untersuchers. Bei normaler, weder beschleunigter noch verzögerter Passage des Kontrastmittels durch die Hirngefäße ist von einer Seriendauer von 6–7 s auszugehen; eine Anpassung an individuelle Zirkulationsgegebenheiten kann jedoch notwendig werden. Eine Bildfrequenz von 2 Aufnahmen/s genügt gewöhnlich; eine schnellere Frequenz kann aber z. B. bei Gefäßerkrankung mit arteriovenösen Kurzschlüssen, eine langsamere z. B. bei Gefäßerkrankung mit hämodynamisch wirksamer arterieller Stenosierung oder venöser Abflußbehinderung erforderlich sein. In den letzteren Fällen kann es weiter ratsam sein, die Seriendauer zu verlängern.

Kontrastmitteldosen und Injektionsraten bei der spinalen Angiographie sind in Tabelle 2 aufgeführt. Als wichtige Abweichung davon sei die Empfehlung von Willinsky et al. (1990) bei Verdacht auf arteriovenöse Durafistel genannt: Nach Sondierung derjenigen Interkostalarterie, aus der die A. radicularis magna Adamkiewicz entspringt, werden für 24 s insgesamt 9 ml Kontrastmittel bei einer Injektionsrate von 1 ml/s injiziert. Kommt es zu keiner Kontrastierung der spinalen Venen, liegt eine Durafistel mit Behinderung der venösen Drainage vor, und es muß eine vollständige spinale Angiographie angeschlossen werden; zeitgerechte Venenfüllung schließt das Vorliegen einer spinalen Gefäßmißbildung bzw. einer Durafistel weitgehend aus und erspart dem Patienten die langwierige spinalangiographische Prozedur.

Standardempfehlungen und Abweichungen

Intraarterielle DSA und Blattfilmangiographie können derzeit als Standard für die Neuroangiographie angesehen werden. Am schonendsten für alle Gefäßbereiche ist die Kathetertechnik. Dünnkalibrige Katheter (z. B. 5 F) sind generell vorzuziehen, doch sind bei der Untersuchung von Patienten mit degenerativen Gefäßkrankheiten (Arteriosklerose) auch etwas dickere, weil drehstabilere Katheter zulässig. Auf diese Weise kann die Komplikationswahrscheinlichkeit verringert werden, weil die Sondierungsphase der großen hirnversorgenden Arterien oft kürzer ist als bei Verwendung der dünneren und weicheren Katheter. Nichtionische Kontrastmittel reduzieren die Neurotoxizität sowie die subjektiven Mißempfindungen des Patienten. Das thromboembolische Risiko kann vermutlich durch Spülen des Katheters mit heparinisierter Kochsalzlösung verringert werden; verläßliche Daten zur Wirksamkeit von Heparin müssen aber noch in prospektiven Studien gewonnen werden. Ziel der Angiographie ist die überlagerungsfreie Darstellung der interessierenden Gefäßterritorien. Bei Verfügbarkeit der DSA und bei Selektivtechnik genügt in der Regel die manuelle KM-Injektion. Dabei sollte die KM-Verdünnung den diagnostischen Erfordernissen angepaßt werden, d. h., je geringer das Kaliber der darzustellenden Gefäße ist, desto höher muß die Jodkonzentration sein. Die Geometrie des applizierten Kontrastmittelbolus muß eine sichere Unterscheidung der drei angiographischen Phasen erlauben.

Qualitätskriterien

Eine quantitative Ermittlung und Kontrolle absoluter Qualitätsmerkmale ist im DSA-Routinebetrieb nicht möglich. Dennoch können regelmäßige Konstanzprüfungen helfen, anlagebedingte Mängel frühzeitig zu erfassen und zu beheben (Thijssen et al. 1988). Die Beurteilung der DSA-Bilder sollte primär am Monitor erfolgen, da durch die Übertragung der Bilddaten auf Film wesentliche Informationen verloren gehen können. Die Gefäßkontrastierung sollte so gut sein, daß krankhafte Veränderungen an Gefäßen bis zu einem Durchmesser von etwa 1 mm erkennbar sind. Die Komplikationsrate, als Qualitätskriterium einer Vielzahl von Einzeluntersuchungen, steht mehr mit thromboembolischen Ereignissen als mit der Neurotoxizität des Kontrastmittels in Verbindung, Katheterwahl und Sondierungstechnik sind daher von größerer Bedeutung als das verwendete Kontrastmittel. Über die Häufigkeit neurologischer Komplikationen bei der zerebralen und spinalen Angiographie liegen immer noch keine verläßlichen Zahlen vor; ein Großteil der Studien wurde retrospektiv durchgeführt, und fast nie wurde die Indikation zur Gefäßuntersuchung angegeben bzw. in die Überlegungen einbezogen (Gross-Fengels et al. 1987; Gryska et al. 1990). Flüchtige neurologische Ausfälle sind heute in bis zu 3% der Untersuchungen zu erwarten, bleibende Ausfälle und Todesfälle in je etwa 0,2%. Dabei werden in den verschiedenen Studien derart unterschiedliche Kriterien zur Definition verwendet, was eine Nebenwirkung bzw. eine Komplikation sei, daß hier vor prospektiven Studien erst Übereinkunft erzielt werden muß. Insgesamt hängt die Komplikationsrate der zerebralen und spinalen Katheterangiographie vermutlich überwiegend von der Untersuchungstechnik ab und ist damit durch gute Ausbildung und Supervision günstig zu beeinflussen.

Literatur

Aaron BO, Hesselink JR, Oot B, Davis KR, Taveras M (1984) Complications of intravenous DSA performed for carotid artery disease: a prospective study. Radiology 153:675–678

Fareed J, Walenga JM, Saravia GE, Moncada RM (1990) Thrombogenic potential of nonionic contrast media? Radiology 174:321–325

Fisher HW (1987) High vs low osmolality contrast media: the arguments for change. Diagn Imag [Suppl] 12:9–11

Forbes G, Nichols DA, Jack CR et al. (1988) Complications of spinal cord arteriography: assessment of risk for diagnostic procedures. Radiology 169:479–484

Gmelin E, Arlart JP (1987) Digitale Subtraktionsangiographie. Thieme, Stuttgart

Gross-Fengels W, Mödder U, Beyer D, Neufang KFR, Godehardt E (1987) Komplikationen brachiozephaler Katheterangiographien bei Verwendung eines nicht-ionischen Kontrastmittels. Radiologe 27:83–88

Gryska U, Freitag J, Zeumer H (1990) Selective cerebral intraarterial DSA. Neuroradiology 32:296–299

Junck L, Marshall WH (1983) Neurotoxicity of radiological contrast agents. Ann Neurol 13:469–484

Huckman MS (1989) Outpatient brachiocephalic angiography. Radiology 170:317–318

Katayama H, Yamaguchi K, Kozuka T, Takashima T, Seez P, Matsuura K (1990) Adverse reactions to ionic and nonionic contrast media. Radiology 175:621–628

Kopko PM, Smith DC, Bull BS (1990) Thrombin generation in nonclottable mixtures of blood and nonionic contrast agents. Radiology 174:459–461

McClennan BL (1987) Low-osmolality contrast media: premises and promises. Radiology 162:1–8

Miller DL (1989) Heparin in angiography: current patterns of use. Radiology 172:1007–1011

Peters PE, Fiedler V, Almeida P, Wiesmann W (1988) Digitale Subtraktionsangiographie der supraaortalen Äste. In: Lissner J, Vogl T (Hrsg) Moderne Bildgebung. Überreuter Wissenschaft, Wien, S 141–151

Sartor K (1988) Radiologische Diagnostik. In: Schliack H, Hopf HC (Hrsg) Diagnostik in der Neurologie. Thieme, Stuttgart, S 77–94

Skalpe IO (1988) Complications in cerebral angiography with iohexol (Omnipaque) and meglumine metrizoate (Isopaque cerebral) Neuroradiology 30:69–72

Stocker E (1990) Simple technique for shaping hydrophilically coated guide wires: usefulness in selective angiography. Radiology 177:881–882

Thijssen MAO, Thijssen HOM, Merx JL, Woensel MPLM (1988) Quality analysis of DSA equipment. Neuroradiology 30:561–568

Willinsky R, Lasjaunias P, Terbrugge K, Hurth B (1990) Angiography in the investigation of spinal dural arteriovenous fistula. Neuroradiology 32:114–116

Kardangiographie

W. MÜNSTER

„Kardangiographie" beinhaltet Herzkatheterisierung, Angiokardiographie und kardiale (Koronarographie) oder parakardiale (kavale, aortale, pulmonalarterielle und -venöse) Angiographie.

Herzkatheterisierung ist definiert als perkutane transvasale Sondierung der Herzinnenräume einschließlich der zuführenden und ableitenden Blutgefäße mit geeigneten Kathetern und/oder Spezialinstrumenten, die mehrheitlich innerhalb von Kathetern bewegt werden: transvenöse antegrade Rechtsherzkatheterisierung, transarterielle retrograde Linksherzkatheterisierung und trans(atrio)septale Linksherzkatheterisierung.

Angiokardiographien sind selektive röntgenologische Darstellungen der Herzinnenräume einschließlich der jeweils benachbarten Gefäße mit Hilfe injizierter Röntgen-Kontrastmittel (KM). Die Besonderheiten der kinematographischen oder digitalen Abbildungsmodalitäten (Bildfrequenz, Belichtungszeiten, Dosisleistungsregelung, Strahlenbelastung, Kontrastmittelapplikation unter hohem Druck etc.) resultieren aus der großen Eigenbeweglichkeit des Organs und der schnellen Kontrastmittelströmung mit dem Blut.

Diese „blutigen" diagnostischen Verfahren sind infolge der transvasalen und intrakardialen Katheterbewegungen mit dem Terminus und dem Makel der *Invasivität* behaftet, obwohl sie die Referenzmethoden für andere, „unblutige" und durchaus nicht immer risikolose, kardiodiagnostische Verfahren sind. Eine unblutige inkomplette oder falsche Diagnose beinhaltet ein größeres Gesamtrisiko für den Patienten als eine gekonnt praktizierte Herzkatheterisierung mit Angiokardiographie und Myokardbiopsie. Risiko und Invasivität sind relative Faktoren. Sie sind trotz und infolge der berechtigt zunehmenden nichtinvasiven Methoden jedoch allein durch die potentielle Therapie legitimiert.

Unsere eigenen Referenzen sind: Katheterabhängige Eingriffe bei 66 206 Patienten in den Jahren 1956–1990, davon 34 758 Angiographien, 21 697 Herzkatheterisierungen mit Angiokardiographien und 9751 interventionsradiologische (davon 3648 interventionskardiologische) therapeutische Maßnahmen (Abb. 1 und 2). Die invasive kardiologische Diagnostik beruhte auf 16 367 Herzkatheterisierungen bei Erwachsenen einschließlich 1362 Myokardbiopsien und 5330 Eingriffen bei Kindern und Säuglingen.

                                                                W. Münster

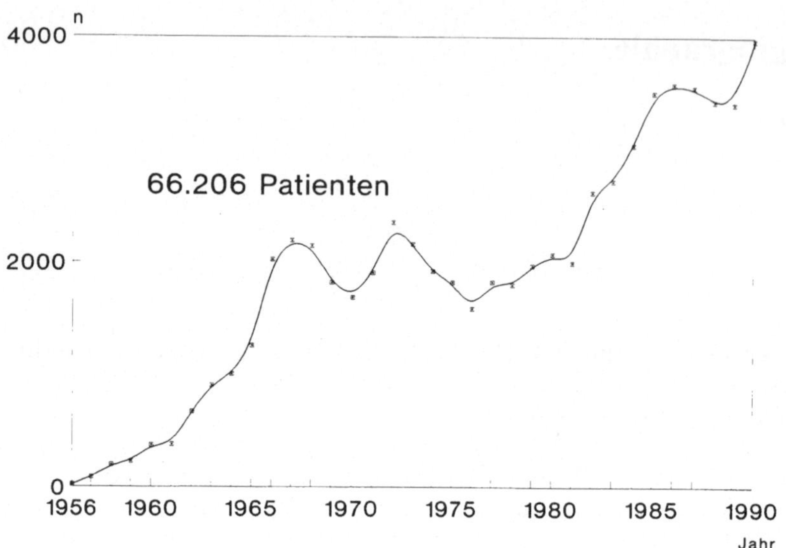

Abb. 1. Gesamtzahl invasiv untersuchter und perkutan interventionell behandelter Patienten des Instituts für kardiovaskuläre Diagnostik der Humboldt-Universität Berlin (Charité) in den Jahren 1956–1990

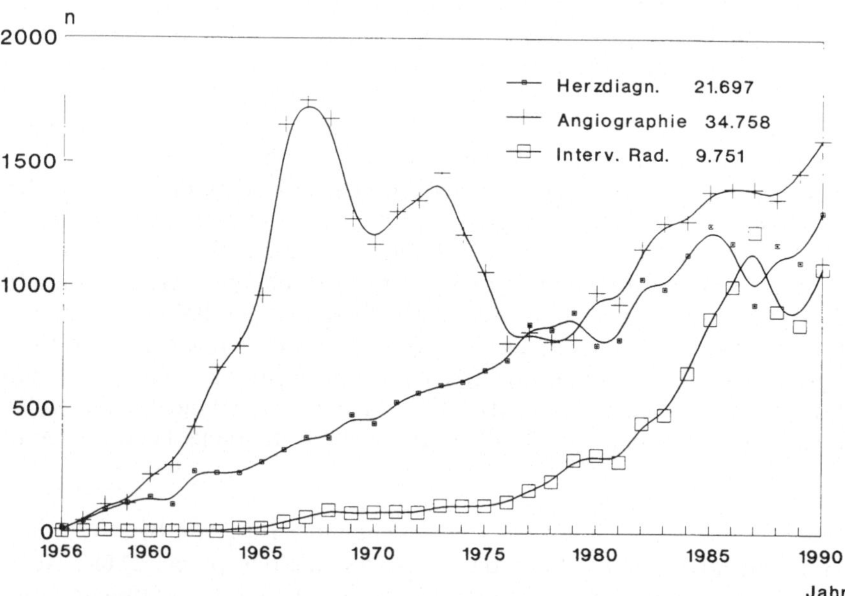

Abb. 2. Häufigkeitsverteilungen der 66 206 Patienten des Instituts für kardiovaskuläre Diagnostik der Charité Berlin in den Jahren 1956–1990 hinsichtlich invasiver Herzdiagnostik (21 697 Patienten), Angiographie (34 758 Patienten) und Interventionsradiologie (9751 Patienten)

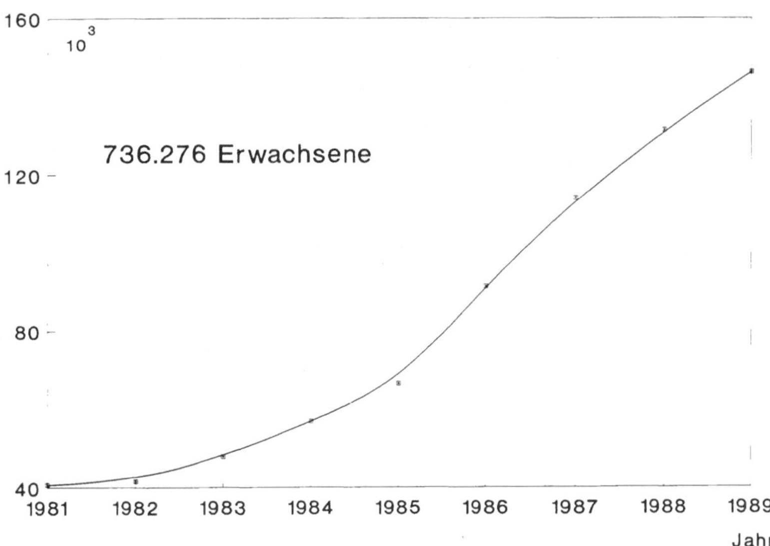

Abb. 3. Häufigkeiten der invasiven Herz- und Koronardiagnostik bei Erwachsenen in der Bundesrepublik Deutschland 1981–1989. [Gleichmann et al. (1990) Z. Kardiol. 79: 802–809]

Die steigenden Häufigkeiten der intrakardialen Diagnostik in der *Bundes-republik Deutschland* (Abb. 3) bei 146 089 Herzkatheterisierungen mit Angio-kardiographie und (mit oder ohne) Koronarographien bei Erwachsenen sowie mehr als 2448 Herzkatheterisierungen bei Neugeborenen, Säuglingen und Kindern im Jahre 1989 legitimieren das Thema. Sie erfordern den Einsatz von Röntgenkontrastmitteln und relativieren den tatsächlichen Wert der nichtin-vasiven Diagnostik in Hinblick auf die herzchirurgische und rapide zuneh-mende katheterinstrumentelle Therapie.

„Qualitätskontrolle"

Qualitätskontrolle ist ein komplexer Beobachtungsprozeß in der Interaktion zahlreicher Einzelkomponenten, unter denen die oft vordergründig betrachte-ten Faktoren

– Aufnahmetechnik, Dosisleistung, Strahlenbelastung und Filmbearbeitung
   sowie
– Kontrastmittelart, -menge und -applikation
außerordentlich wichtig sind, in der Synopsis als alleinige Faktoren jedoch durchaus untergeordnete Bedeutung haben können.

Vor dem Hintergrund der praktischen Konsequenzen beinhaltet *Qualitäts-sicherung die ständige und jeweils aktuelle Kontrolle von Zumutbarkeit und*

Risiko, Verfahrensweise der Durchführung, Umfang und Präzision der Informationsgewinnung sowie Richtigkeit und terminologische Vergleichbarkeit von Resultaten der jeweils angewandten kinder- und erwachsenenkardiologischen Untersuchungsmethoden.

Da diese Faktoren variabel, vom jeweiligen Einzelpatienten abhängig sowie von den äußeren und inneren Bedingungen der diagnostischen Modalitäten (z. B. dringliche Diagnostik, Abb. 4) beeinflußt sind, impliziert Qualitätssicherung die individuelle Anpassung an prinzipielle Forderungen oder auch die begründbare (gelegentlich gutachterlich relevante) Abweichung von allgemeinen Standesmeinungen: Qualität kann oder muß im Einzelfall auch die Nichtbeachtung allgemeiner Regeln bedeuten.

Bei der Diagnostik angeborener und erworbener Herzfehler stehen Herzkatheterisierung, Angiokardiographien und kardiale Angiographien am Ende der Maßnahmen zur Diagnosefindung. Ihre Befunde reihen sich ergänzend, bestätigend, präzisierend oder korrigierend ein in die diagnostischen Erwägungen aus Anamnese, Klinik, Elektrokardiographie mit oder ohne Belastung einschließlich Holter-EKG, Röntgenthoraxaufnahmen, zunehmender 2D- und Farbdoppler-Kardiosonographie und nuklearmedizinischer Diagnostik (Myokardszintigraphie, Radionuklidventrikulographie). Bis auf wenige Ausnahmen ist die Computertomographie für die praktische Herzdiagnostik heute irrelevant. Die zunehmende Bedeutung der Kernspintomographie ist absehbar, hinsichtlich ihrer Grenzen jedoch noch nicht zu definieren.

Für die Herzdiagnostik sind Kontrastmittel Indikatoren zum bildlichen Nachweis und zur Quantifizierung morphologischer und funktioneller Kriterien des Herzens und der kardialen Blutgefäße: Ultraschallkontrastmittel, Ma-

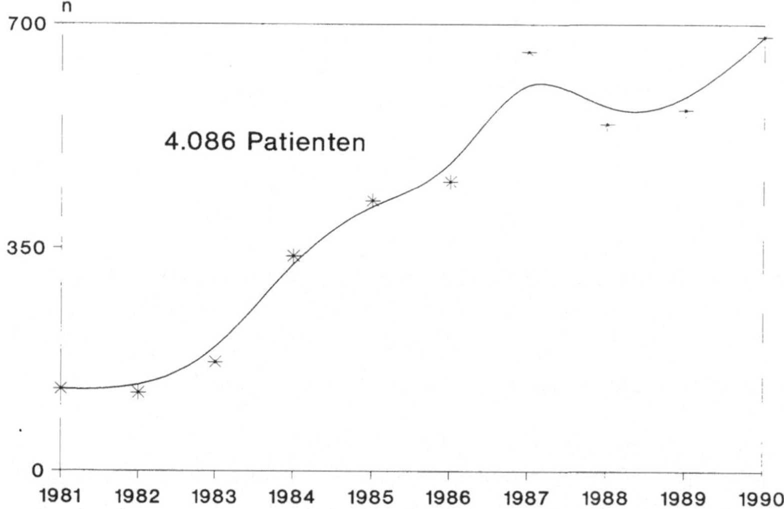

Abb. 4. Häufigkeiten der dringlichen invasiven Diagnostik und perkutan interventionellen Therapie rund um die Uhr im Institut für kardiovaskuläre Diagnostik der Charité Berlin in den Jahren 1981–1990

gnetresonanzkontrastmittel, Röntgenkontrastmittel. In der invasiven Herzdiagnostik dienen *Röntgenkontrastmittel* zur Prozedurkontrolle (Herzkatheterisierung, „Probeinjektionen"), zur definitiven bildlichen Darstellung (Angiokardiographie, Koronarographie, Pneumonangiographie etc.), als Indikatoren bei der quantitativen Informationsbearbeitung (Volumetrie, Densitome-
trie etc.) und letztlich als Struktur- und Verteilungskriterium für die systematische Befundinterpretation. Ohne Kontrastmittel ist der invasiv tätige Herz-
diagnostiker blind.

Risiko, Indikationen

Die Risiken der invasiven Diagnostik resultieren aus allen manuellen, instrumentellen, apparativen und intellektuellen Leistungen. Die Indikationen bestehen allein in der Unvermeidlichkeit für die Therapie oder Therapiekon-
trolle. (Diese ist absolut notwendig für die Koronardiagnostik. Für die Diagnostik angeborener Herzfehler ist sie dringlich an den Grenzen der modernen
Kardiosonographie.)

Risiken entstehen aus der Schwere der Erkrankung, dem jeweiligen Können und der Erfahrung der Untersucher, den angewandten Instrumenten und
Methoden, dem Umfang und der Dauer der Intervention, der Beherrschbar-
keit von Komplikationen, der Strahlenbelastung, dem Kontrastmittel (Art,
Menge, Injektionsort), den Modalitäten der bildlichen Darstellung, der Bildqualität, der Quantifizierung von Meßwerten und Bilddaten, der Präzision von
diagnostischer Interpretation und Deskription einschließlich der Präsentation.

Das Risiko eines Eingriffs beginnt mit der Entscheidung zur Herzkatheterisierung, umfaßt den komplexen diagnostischen Ablauf und endet erst mit der
diagnostisch ermöglichten Therapie. „Risiko" ist ein integrativer Faktor, der
die zahlreichen Einzelfaktoren der eigentlichen Intervention weit überschrei-
tet. Er betrifft – auch bei einer diagnostischen Entscheidung gegen eine Therapie – den Patienten. Der Arzt ist „haftpflichtig" nicht allein für die technische
Prozedur, aus der bestimmte Komplikationen resultieren. Unter denen sind
„Kontrastmittelzwischenfälle" relativ selten.

Nach einer Übersicht von 14 deutschen Zentren (70% erfaßt) erfolgten
1989 bei 2448 Eingriffen an *Kindern:*

- Todesfälle: 4 (0,17%),
- Reizleitungsstörungen: 43 (1,8%),
- Myokardperforation: 2 (0,08%),
- *KM-Reaktion + Therapie:*   2 (0,08%),
- Blutungen: 18 (0,75%),
- Gefäßthrombose: 7 (0,3%),
- Wundinfektion: 11 (0,5%)

[Gleichmann et al. (1990), Z. Kardiol. 79: 802].

Bei diesen Kindern lauteten die allgemeinen Indikationen für Herzkatheterisierungen und Angiokardiographien:

- Vor „korrigierender" Operation: 1246,
- vor palliativer Operation: 262,
- Klärung der Diagnose: 350,
- Operationskontrolle: 266,
- therapeutische Indikationen: 196.

Nach der gleichen Quelle resultierten 1989 aus der invasiven Diagnostik von
knapp 150 000 *Erwachsenen:*

- Todesfälle   bei 0,07%,
- Herzstillstand   bei 0,33%,
- Thrombosen, a.v.-Fisteln   bei 0,12%,
- Nachblutungen   bei 0,47%,
- *KM-Reaktionen (ohne) Therapie*   bei 0,71%,
- *KM-Reaktionen mit Kreislauf- und Atemdepression* bei 0,06%.

Setzt man einen durchschnittlichen Verbrauch von 150 ml (meist hochkonzen-
triertem) Kontrastmittel pro Patient an, so wurden insgesamt etwa 22 000 l
benötigt; das entspricht ca. 2,3 ml/kg Körpergewicht.

Die Altersverteilung von 849 in den Jahren 1989/90 untersuchten *Kindern*
im eigenen Institut gliedert sich in 323 Kinder im 1. Lebensjahr (26,2%), 129
Kinder vom 2.–3. Jahr (14,0%), 113 Kinder vom 4.–6. Jahr (13,3%) und 284
Kinder vom 7.–14. Lebensjahr (33,4%).

Die Vergleichsgruppe der Bundesrepublik Deutschland 1989 beinhaltet
unter 2380 Patienten (14 Zentren): 1134 (47,6%) im 1. Lebensjahr und 1246
(52,4%) vom 2. bis 16. Lebensjahr. Die Prävalenz der Säuglinge ist charakteri-
stisch für Symptomatologie, invasive Untersuchungsindikationen und Thera-
pienotwendigkeiten angeborener Herzfehler.

Diese besondere Altersverteilung hat große Bedeutung für den Kontrast-
mittelverbrauch (Abb. 5). Analysiert man die benötigten Kontrastmittelmengen in Abhängigkeit vom Lebensalter, so beträgt die mittlere Menge nichtionischen (!) Kontrastmittels bei 320 analysierten Untersuchungsprotokollen von
Kindern aller Altersgruppen 3,4 ± 1,8 ml/kg Körpergewicht. Die Mengen/kg
sind dem Lebensalter umgekehrt proportional: Säuglinge 4,6 ± 1,7 ml/kg. Das
ist etwa das 2fache der bei Erwachsenen applizierten Volumina per kg. Diese
Dosen überschreiten die Mittelwerte (*ohne Komplikationen*) nicht selten sehr
erheblich (Iopromid 370, 134 Kinder, 0–1 Jahr):

- −4 ml/kg: 51 Patienten (38,0%),
- 4–6 ml/kg: 54 Patienten (40,3%),
- 6–8 ml/kg: 25 Patienten (18,7%),
- >8 ml/kg: 4 Patienten (3,0%).

Für die Applikation in der invasiven *kardiovaskulären pädiatrischen Diagnostik,* bei der das Kontrastmittel infolge der schnellen und organnahen Injektion
hochkonzentriert zirkuliert, halten wir bei den notwendigen Mehrfachinjektio-

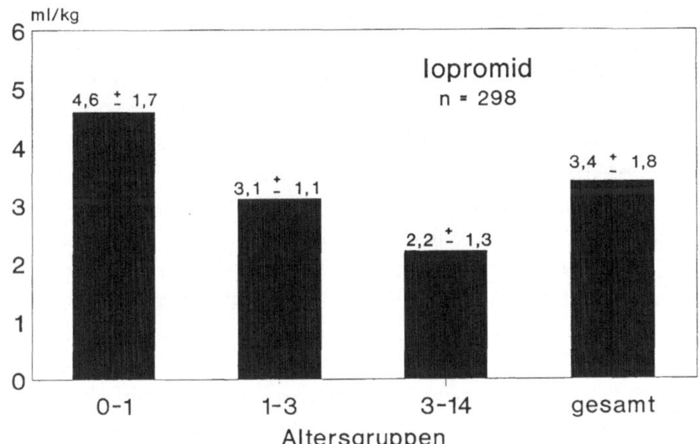

Abb. 5. Mittlere Mengen (ml/kg) intrakardial als Bolus injizierten Röntgenkontrastmittels (Iopromid 370) bei 320 Kindern in den Lebensaltern 0–1 Jahr, 1–3 Jahre und 3–14 Jahre

nen (durchaus überschreitbare) *Maximalmengen von 6 ml/kg nichtionischen Kontrastmittels* nicht für kontraindiziert. Die Gesamtmenge sollte sich jedoch grundsätzlich auf das absolut erforderliche Minimum beschränken. Falls in der pädiatrischen Diagnostik überhaupt noch angewandt, gelten für ionische Kontrastmittel (370 mg J/ml) Maximalmengen von 4 ml/kg.

Kontrastmittel sind in das Gesamtrisiko einbezogen: als Faktor der Invasivität (mit oder ohne Katheterisierung) und als Faktor der Qualitätssicherung. Qualitätskontrolle beinhaltet somit eine Interaktion der Risikominderung sowohl hinsichtlich der direkten Beeinträchtigung des Patienten durch das jeweils angewandte Kontrastmittel selbst als auch bezüglich der indirekten Wirkung durch eine Optimierung der kontrastmittelabhängigen Diagnostik und Therapie. Es ist deshalb verwunderlich, daß die Industrie nicht energische Anstrengungen unternimmt, auch kapillargängige Kontrastmittel mit geringer Toxizität zu entwickeln.

Präzision

Die Qualitätskontrolle von Informationsgewinnung und -bearbeitung beinhaltet naturgemäß den Umfang und die Genauigkeit (Präzision) der (katheterisierungs- und kontrastmittelabhängigen) Meßwert- und Bilddatengewinnung sowie ihre Analysierbarkeit und Quantifizierbarkeit. Sie ist abhängig
- von der *kostenaufwendigen Gerätekonstellation:* multiaxiale (biplane) Stative, hochbelastbare Röntgenstrahler (kleinstmöglicher Fokus), hochauflösende Bildverstärker (Formatwechsel, Zooming), hochzeiliges Videosystem mit geringem Bildrauschen, gepulste Kinematographie (20–90 Bilder/s), zunehmend digitale Aufnahmetechnik (mit und ohne Subtraktion,

Matrix > 512), Irisblenden, Konturblenden, Meß- und Registriertechnik (EKG, Drücke, Dilution etc.), Entwicklungsautomaten, Hardcopytechnik, Auswertungs-, Dokumentations- und Präsentationstechnik;
- von der *spezifischen Aufnahmetechnik:* anatomierelevante Projektionen (Rotation, Angulation, Rotation + Angulation für multiaxiale Darstellungen), extrem kurze Belichtungszeiten (Kinematographie, Digitaltechnik), hochempfindliches Filmmaterial, optimale Entwicklung, Digital-Laser-Imager, Aufnahmespannung < 85 kV (Absorptionsmaximum am Jod-Kontrastmittel), minimaler Objekt-Bildverstärker-Abstand, kleinstmögliches Eingangsformat, Overframing, extreme Einblendung, konsequente Konturenblendung, Dosisleistungsregelung (keine Regelung für nachfolgende Perfusionsdensitometrie), Registrierung (Aufnahmeimpulse, Kontrastmittelinjektion, EKG, Drücke etc.), Protokollierung, Workstation.

Die *Aufnahmeprojektionen* müssen der Lage des Herzens im Thorax sowie der beabsichtigten Darstellung von Einzelstrukturen innerhalb des Herzens entsprechen. Es gilt die alte Regel: „man sieht nur, was man sucht; man erkennt nur, was man kennt". Um die zahlreichen Details jedoch sichtbar und erkennbar zu machen, muß man sie adäquat darstellen. So leicht verschiedene Projektionen der Koronararterien einsichtig sind, so problematisch werden multiaxiale Detailprojektionen bei komplexen Herzfehlbildungen („sitting up", „Langachse", „hepatoklavikulär" etc.) für den untrainierten Betrachter.

Nicht nur der Nachweis von Herzfehlern oder die Darstellung von pathologischen Gefäßbefunden setzen geeignete Projektionen voraus, auch die quantitative Analyse ist direkt von ihnen abhängig: So variieren aufwendige, auf Kontrastdarstellungen beruhende Volumetrien der rechten oder linken Herzkammer und die aus ihnen abgeleiteten, therapierelevanten Meßgrößen sehr erheblich bei unterschiedlichen Schräg- oder Axialprojektionen.

Die berechneten Volumina sind in der Regel größer als die tatsächlichen. Berechnungen von Volumina, Gefäßdurchmessern oder Stenosen verlangen (soweit man nicht Relativwerte toleriert) eine Eichung. Solche „Eichungen" beruhen auf dem Vergleich der unter Untersuchungs- oder Interventionsbedingungen gewonnenen Abbildung von Eichkörpern (zentrierte Kugel, Raster, Katheterdurchmesser, Kathetermarker) oder Eichbewegungen (definierte Längsachsenverschiebung) mit den tatsächlichen Dimensionen der Eichungselemente. Sie dienen der Ermittlung des „Vergrößerungsfaktors".

Die Eichverfahren weichen hinsichtlich ihrer Wertigkeit jedoch weit voneinander ab. Am ungenauesten ist eine Größenbestimmung anhand des Katheterdurchmessers als Eichobjekt: unter ungünstigen Bedingungen wird ein kontrastmittelgefüllter Raum oder ein Kanal um 30% zu groß berechnet (z. B. ein tatsächlicher Koronararteriendurchmesser von 3 mm bei der PTCA mit 4 mm).

Auch die Kontrastmittel selbst sind infolge ihrer kardiovaskulären Effekte (vor allem bei Mehrfachinjektionen) nicht nur unter „toxischen", sondern auch quantitativ-diagnostischen Aspekten für die Qualitätskontrolle von Bedeutung. Die Wirkungen ionischer und nichtionischer Kontrastmittel sind unterschiedlich (Tabelle 1).

Tabelle 1. Kardiovaskuläre Kontrastmitteleffekte

	Ionisch	Nichtionisch
Akute intravaskuläre Volumenzunahme	+	+
Herzminutenvolumensteigerung	+	+
Mikrozirkulat. Verteilungsstörungen	+ + +	+
Depression der myokardischen Kontraktion	+ +	–
Myokardialer Stoffwechsel	?	?
Anstieg des ventrikulären Füllungsdrucks	+ +	(+)
Blutdruckabfall	+	–
Bradykardie	+	–

Der nach Injektion von ionischen Kontrastmitteln zu beobachtende erkrankungsabhängige Anstieg des *enddiastolischen linksventrikulären Druckes* wurde als „Belastungstest" gewertet; er ist bei nichtionischen Kontrastmitteln kaum zu registrieren.

Störungen der Mikrozirkulation sind bei ionischen Kontrastmitteln extrem: Die Fließbedingungen ändern sich im Sinne einer Verteilungsstörung. Gruppen von Arteriolen, Kapillaren und Venolen werden bei zunehmender Stase aus der Zirkulation ausgeschaltet, andere werden hyperperfundiert (Abb. 6). Das bedeutet, daß (zumindest bei der Nutzung ionischer Kontrastmittel) für densitometrische Analysen von „regions of interest" nicht nur die Perfusion gesunder oder erkrankter Herzwandbezirke erfaßt wird, sondern auch Perfusionsstörungen durch Röntgenkontrastmittel. Arteriokoronarvenöse Perfusionsmessungen sind auch aus diesem Grunde von zweifelhaftem Wert.

Interpretation

Die Qualitätssicherung der invasiven Herzdiagnostik muß schließlich die *Kontrolle der Richtigkeit und Vergleichbarkeit* erhobener Befunde in einer interdisziplinär akzeptierten Sprache beinhalten. Sie umfaßt: die Kritik von Methodologie, bildgebender Darstellung, Informationsumfängen und Quantifizierung, die systematische Bildfolge- und Meßwertanalyse anhand eines segmentanalytischen Befundungsalgorithmus, die synoptische Betrachtung aller Befunde sowie die präzise Beschreibung und Dokumentation mit Hilfe einer interdisziplinär einheitlichen Nomenklatur.

Sieht man von pathophysiologischen „Inaktualitäten" ab, so ist die Einsicht der Röntgenologen in morphologische Befunde der Koronarographie anzunehmen. Die heutige Nomenklatur der komplexen Herzfehler, die segmentanalytische Betrachtungsweise und die zahlreichen Details assoziierter Fehlbildungen sind dem Röntgenologen mehrheitlich nicht einsichtig. Röntgenologen beschränkten sich in der Regel auf Beschreibungen der Herzkonturen und der Lungengefäße.

                                                                      W. Münster

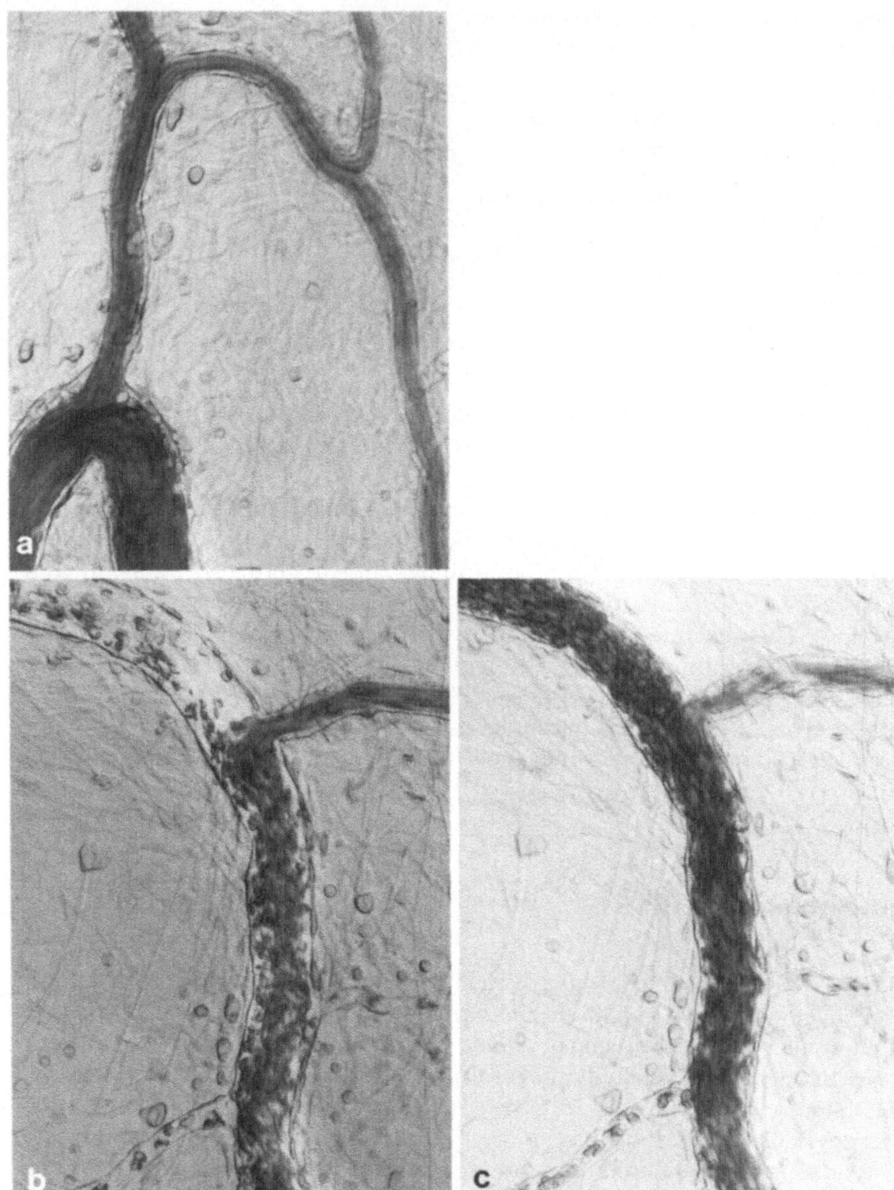

Abb. 6a–c. Verteilungsstörungen der Mikroperfusion im Mesenterium der Ratte (Intravitalmikroskopie, 1/1000 s; Kapillaren, Venole vor (**a**), 30 s nach (**b**) und 2 min nach (**c**) Amidotrizoat-Applikation)

Unsere Bemühungen um einen für Klinik, Ultraschalldiagnostik, invasive Diagnostik, Herzchirurgie und Pathologie anwendbaren Befundungsalgorithmus, der im Dialog mit einem Computer erfolgt, haben letztlich die Qualitätssicherung der Gesamtdiagnostik zum Ziel. Für die in dieser Hinsicht einfachere Erwachsenenkardiologie liegen solche Befundungs- und Dokumentationsalgorithmen einschließlich der Software bereits vor.

Zusammenfassung

Röntgenkontrastmittel sind unverzichtbare Indikatoren für die Herzkatheterisierung, Angiokardiographie und kardiale Angiographie. Sie dienen der Prozedurkontrolle, der diagnoserelevanten Abbildung und der bildorientierten Quantifizierung pathologischer Befunde. Für die kardiologische, insbesondere für die kinderkardiologische Diagnostik sind ionische Kontrastmittel obsolet.

Trotz der rapiden Zunahme nichtinvasiver Diagnoseverfahren wird die invasive kardiologische (wie die angiographische) Diagnostik bei partiell gewandelten Indikationen absehbar großen therapierelevanten Wert behalten und quantitativ vor allem durch die steigenden perkutanen transvasalen Interventionen weiter zunehmen.

Unter den Aspekten des Risikos, der Informationsgewinnung und -bearbeitung, der diagnostischen Interpretation und der Effektivitätskontrolle sind die Röntgenkontrastmittel in den komplexen Prozeß der Qualitätssicherung obligatorisch integriert.

Qualitätssicherung in der Radiologie

H.-S. STENDER

Die Qualitätssicherung dient der Optimierung der technischen und diagnostischen Bildqualität. Die durch eine klare Indikation gerechtfertigte Röntgenuntersuchung soll die ärztliche Fragestellung mit einer möglichst niedrigen Strahlenexposition des Patienten zuverlässig beantworten.

Die Faktoren, die die Qualität beeinflussen, lassen sich in drei Ebenen ordnen:

Die *Strukturqualität* betrifft die Röntgeneinrichtung mit Strahlenerzeugungs- und Abbildungssystem sowie die Fachkunde und Erfahrung des Arztes und des Personals. Die technischen Anforderungen an die Röntgeneinrichtungen sind in der DIN-Reihe 6868 und in der Anlage 1 der „Richtlinie für Sachverständigenprüfungen nach Röntgenverordnung, Rw 13" zusammengefaßt. Die Kontrastmittel mit den physikalischen und chemischen Eigenschaften sowie der Pharmakokinetik gehören auch in diese Ebene.

Die *Prozeßqualität* umfaßt die kritische Indikationsstellung und die Durchführung der Röntgenuntersuchung. Die Fragestellung muß klar formuliert sein und die Strahlenexposition rechtfertigen. Die Durchführung muß so erfolgen, daß das Bild eine verbindliche diagnostische Aussage gestattet. Hierzu sind adäquate hochempfindliche Film-Folien-Systeme, geeignete Belichtungswerte und eine konstante Filmverarbeitung einzusetzen. Bei intravenösen Kontrastmitteluntersuchungen sind die zeitlich geeigneten Ausscheidungs- und Füllungsphasen zu erfassen.

Die *Ergebnisqualität* ist in der Filmdokumentation, ihrer Auswertung durch den Arzt und den daraus gezogenen therapeutischen Folgen festgehalten. Die Bilddokumentation (Direktaufnahme, Kontrastmittelbild, digitales Radiogramm, Computertomogramm) muß die organtypischen Strukturen und diagnosewichtigen Details darstellen.

Die drei Ebenen der Qualitätssicherung erfordern geeignete und zeitlich sinnvoll angeordnete Maßnahmen der Überprüfung und Überwachung.

Qualitätssicherung nach § 16 RöV

Die Röntgenverordnung schreibt ein gestuftes System von Kontrollmaßnahmen zur Sicherung einer adäquaten Bildqualität bei niedriger Strahlenexposition vor (Tabelle 1).

Tabelle 1. Qualitätssicherung (§ 16 RöV)

Adäquate Bildqualität – akzeptable Dosis
1. Abnahmeprüfung: optimierter Ausgangszustand der Röntgeneinrichtung
2. Konstanzprüfungen der Röntgeneinrichtung und Filmverarbeitung:
   Überwachung repräsentativer Kenngrößen
3. Überprüfung von Patientenaufnahmen: Bildmerkmale und Bildeigenschaften
   Beratung zur Bildverbesserung und Dosisminderung

---

1. Abnahmeprüfung der Röntgeneinrichtung zur Feststellung des optimierten technischen Ausgangszustandes und zur Abstimmung auf die notwendige diagnostische Qualität bei Neueinrichtungen und nach Reparaturen.
2. a) Konstanzprüfungen der Röntgeneinrichtung durch Überwachung bestimmter repräsentativer Kenngrößen, die z. B. für Direktradiographie, BV-TV-Durchleuchtung mit Indirektaufnahme, Mammographie, Computertomographie und digitaler Radiographie einschließlich Subtraktionsangiographie in DIN-Normen der Reihe 6868 festgelegt sind.
   b) Konstanzprüfung der Filmverarbeitung durch tägliche Bestimmung des Index der Empfindlichkeit und des Kontrastes sowie der Dichte von Schleier einschließlich Unterlage. Wichtig ist, daß die Abstimmung von Filmeigenschaften und Entwickler eine optimale Empfindlichkeitsausnutzung und eine konstante Verarbeitung gewährleisten, da sonst eine unbefriedigende Bildqualität und in der Regel auch eine unnötige Dosiserhöhung die Folge sind.
3. Überprüfung der Aufzeichnungen und Prüfaufnahmen der Abnahme- und Konstanzprüfungen sowie die Beurteilung ausgewählter praxis- oder arbeitsplatztypischer Patientenaufnahmen durch eine *ärztliche Stelle* sowie Beratung der Betreiber und anwendenden Ärzte zur Verbesserung der Bildqualität und zur Minderung der Strahlenexposition des Patienten.

Die Beurteilung der Röntgenuntersuchungen erfolgt nach den „Leitlinien der Bundesärztekammer zur Qualitätssicherung in der Röntgendiagnostik" (1989), in denen die Qualitätskriterien der Patientenaufnahmen und Hnweise zur Aufnahmetechnik niedergelegt sind, die den Erfordernissen der medizinischen Wissenschaft und dem Stand der Technik entsprechen.

Kriterien der Bildqualität

Bildinhalt und Bildeigenschaften bilden die Basis für die Bildanalyse durch den Arzt (Tabelle 2). Der Bildinhalt besteht aus den Bildmerkmalen, den charakteristischen Strukturen des Organs oder der abgebildeten Körperregion, die durch unterschiedliche organtypische oder durch Kontrastmittel hervorgerufene Schwächungsdifferenzen der Strahlung hervorgerufen werden.

Organtypische Bildmerkmale bilden die größeren anatomischen Strukturen. Diagnosewichtige Details können kleinen anatomischen Einzelstrukturen

Tabelle 2. Qualitätskriterien des Röntgenbildes

Diagnostischer Bildinhalt	*Bildeigenschaften*
– Organtypische Bildmerkmale	– Adäquate Dichte, Dichteumfang
– Diagnosewichtige Details	– Bildkontrast, Kontrastgradient
– Kritische Strukturen	– Visuelle Schärfe, Detailerscheinung
	– Bildrauschen, Körnigkeit

entsprechen, sie sind aber häufig die Folge von Vielfachüberlagerungen kleiner Elemente, die zu einer Musterbildung führen, wie wir sie als Spongiosa des Knochens, Feinstruktur der Lunge und feines Gefäßnetz im Angiogramm kennen.

Für die Wahrnehmung und Erkennung sind die Eigenschaften des Bildes bestimmend, die auf unser visuelles System einwirken. Hierzu gehören vor allem die visuelle optische Dichte und der Dichteumfang des Bildes, der Bildkontrast, der Kontrastgradient und der Schärfeeindruck, das Bildrauschen und der Körnigkeitseindruck. Diese subjektiven Beobachtungen und Eindrücke entsprechen in Annäherung physikalischen Parametern, die im Direktradiogramm zu bestimmen sind (Tabelle 3).

Die *optische Dichte* ist von großer Bedeutung für den Bildeindruck. Sie kann bei der Bildbetrachtung durch Veränderungen der Leuchtdichte in Grenzen den visuellen Fähigkeiten des Beobachters angepaßt werden. Der Dichteumfang sollte in diagnostisch interessierenden Bildteilen 30 bis 40 Dichtestufen nicht wesentlich überschreiten, da unser Auge gleichzeitig nur diesen Umfang wahrnehmen kann.

Die Bruttodichte der diagnosewichtigen Bildpartien sollte minimal $D = 0,5$ und maximal nicht mehr als $D = 2,2$ betragen. Die mittlere Dichte liegt in der Regel bei $D = 1,2 \pm 0,2$. Bei Bildern mit positiven Kontrastmitteln darf bei dem hohen Kontrast der angegebene minimale Dichtewert unterschritten werden.

Die Erkennbarkeit kleiner Details hängt vom *Auflösungsvermögen* des Abbildungssystems, den Kontrastgradienten und vom Rauschen ab. Der Grenzwert der visuellen Auflösung, der vor allem im Hochkontrastbereich von Bedeutung ist, soll 2,4 Lp/mm nicht unterschreiten. Um Bewegungsunschärfen zu vermeiden, sind kurze Expositionszeiten erforderlich (Tabelle 3).

Der *Bildkontrast* hängt von der Differenz benachbarter Dichten ab. Eine Modulation von 10% ist bei einer Auflösung von 2,4 Lp/mm anzustreben. Höhere Modulationswerte (20–30%) erhöhen die Deutlichkeit der dargestellten Strukturen (Brandt, Schmidt und Gurvich). Die Modulationsübertragungsfunktion (MÜF) eines Abbildungssystems beschreibt die Übertragung von Kontrasten in Abhängigkeit von bestimmten Detailgrößen.

Ein erhöhtes *Bildrauschen*, die statistische Bildunruhe, setzt das Signal-Rausch-Verhältnis herab und vermindert die Erkennbarkeit von feinen Details, vor allem im Niedrigkontrastbereich. Es wird mit dem Wiener-Spektrum bestimmt.

Die *Bildeigenschaften* – auch Kenngrößen des Röntgenbildes – werden bestimmt durch die Eigenschaften des Objekts einschließlich der Kontrastmit-

Tabelle 3. Kenngrößen des Röntgenbildes

Visuelle optische Dichte (einschl. Unterlage und Schleier)
- Minimal D 0,5, maximal D 2,2
- Mittlere Dichte 1,2 ± 0,2

Visuelles Auflösungsvermögen
- Regelwert 2,8–5.0 Lp/mm, Grenzwert 2.4 Lp/mm

Bildkontrast	
– Modulation	> 0,1 bei 2.4 Lp/mm
– Modulation	> 0.3 – erhöhte Auffälligkeit
Bildrauschen	
– Signal-Rausch-Verhältnis	$\geq 3-5$
Expositionszeit	
– Lunge	$\leq$ 20 ms (40 ms)
– Magen, Kolon, Niere, Galle	$\leq$ 100 ms
– Extremitäten, Schädel	$\leq$ 100 ms (200 ms)
– LWS	$\leq$ 500 ms (1000 ms)
Bildempfängerdosis	
– Körperstamm	$\leq$ 5 µGy
– Extremitäten	$\leq$ 10 µGy
– Mamma	$\leq$ 200 µGy

---

telverteilung, die technischen Parameter des Strahlenerzeugungs- und Abbildungssystems und die Aufnahmeparameter sowie die Verarbeitungstechnik.

Die *optische Dichte* wird beeinflußt durch die Aufnahmespannung, das Strom-Zeit-Produkt, die Abschaltdosis der Belichtungsautomatik, die Film-Folien-Kombination, die Filmentwicklung, die Zentrierung des Streustrahlenrasters und den Heel-Effekt der Anode.

Der *Kontrast* hängt von der Aufnahmespannung, der Gradation des Filmes, dem Streustrahlenanteil, der Feldgröße (Einblendung), dem Fokus-Film-Abstand, der Kompression, der Film-Folien-Kombination und der Filmverarbeitung ab.

Das *Auflösungsvermögen* (Detailerkennbarkeit) wird mitbestimmt durch die Aufnahmespannung in Verbindung mit dem Strom-Zeit-Produkt, die Film-Folien-Kombination und den Kassettenandruck, die Aufnahmegeometrie, die Brennfleckgröße, die Expositionszeit (Bewegungsunschärfe), die Bildmatrix, die Filmverarbeitung.

Bei der Beurteilung der Bildqualität muß die Vielzahl der beteilgiten Parameter und die Art ihres Zusammenwirkens möglichst analysiert werden, um eine gezielte Beratung und Verbesserungen durchzuführen.

Leitlinien zur Röntgenuntersuchung

Die ärztlichen Qualitätsforderungen mit den Bildmerkmalen, den wichtigen Bilddetails und den kritischen Strukturen sind für die verschiedenen Organe

und Körperregionen mit aufnahmetechnischen Anleitungen in den Leitlinien
der Bundesärztekammer aufgeführt. Die kritischen Strukturen heben dabei die
Bildmerkmale hervor, die für die diagnostische Bildqualität repräsentativ sind.
Die Leitlinien formulieren den derzeitigen medizinischen Standard. Die Darstellung der diagnostisch wichtigen Strukturen und Details machen eine optimale Abstimmung des Bilderzeugungssystems, der Aufnahmetechnik und der
Bildverarbeitung notwendig. Dabei sind die Untersuchungsbedingungen so zu
wählen, daß die Strahlenexposition des Patienten so niedrig zu halten ist, wie
es vernünftigerweise erreichbar ist.

Die *aufnahmetechnischen Parameter* umfassen: Standardprojektionen,
Aufnahmespannung, Filterung, Brennfleckgröße, Aufnahmegeometrie, Grenz-
wert der Expositionszeit, Lage des Meßfeldes der Belichtungsautomatik,
Streustrahlenraster, Empfindlichkeitsklasse des Film-Folien-Systems.

Bei den *intravenösen Kontrastmitteluntersuchungen* der Gallenwege und des
Harnsystems sind die Zeitpunkte der Aufnahmen an der Fragestellung und vor
allem an der Ausscheidung des Kontrastmittels zu orientieren, wenn die charakteristischen Bildmerkmale und Strukturen erfaßt werden sollen. Bei der
direkten Darstellung von Gangsystemen mit Kontrastmittel ist eine ausreichende bzw. komplette Füllung anzustreben. Zielaufnahmen unter Durchleuchtungskontrolle ermöglichen die Darstellung in günstigen Projektionen
und können Überspritzungen verhindern. Die Aufnahmezeiten sollten möglichst kurz sein, um Bewegungsunschärfen zu vermeiden. Die Erfahrung zeigt,
daß mit relativ hohen Aufnahmespannungen und hochverstärkenden Film-
Folien-Kombinationen der Klasse 400 eine aussagefähige Bildqualität mit einer erheblichen Reduktion der Patientenexposition (auf weniger als $^1/_5$) erreicht wird.

Die Qualitätskriterien der *angiographischen Untersuchungen* hängen von
der untersuchten Gefäßregion und der Fragestellung ab. Für die *Arteriogra-
phie* werden folgende Bildmerkmale vorgeschlagen: Übersichtliche Projektion
der Gefäße, geeigneter Injektionsort des Kontrastmittels, an die Fragestellung und den Kontrastmittelfluß angepaßte Aufnahmefolge, suffiziente Kontrastierung des gesamten Gefäßverlaufes, beurteilbare Abbildung der Gefäßabgänge, visuell scharfe Darstellung der Gefäßlumina und -konturen (bei Stenosen möglichst in 2 versetzten Ebenen), die Abbildung der feinen Gefäße und
Kollateralen, Kontrastierung des Parenchyms, Darstellung des venösen Ab-
flusses. Wichtige Details: 1 – 2 mm.

Der Zuschnitt dieses Vorschlages für die einzelnen Gefäßprovinzen muß
bezogen auf die Fragestellung und das angewandte Verfahren (Direktangio-
graphie, digitale Subtraktionsangiographie) erfolgen.

Empfehlungen zur Untersuchungstechnik und zum Strahlenschutz

In den Leitlinien sind für die Röntgenuntersuchungen der verschiedenen Organe und Körperregionen Empfehlungen zur Optimierung von Technik und

Strahlenschutz aufgeführt, mit denen allgemein eine gute Bildqualität erreicht werden kann. Für die Aufnahmetechnik sind die Empfindlichkeitsklassen und die Aufnahmespannungen in Tabelle 4 aufgeführt. Da die Aufnahmen der peripheren Extremitäten, von Sonderfällen abgesehen, auch mit einem 200-System eine gute Qualität erreichen, kann der Film-Folien-Bestand an einem Arbeitsplatz auf zwei Empfindlichkeitsklassen beschränkt werden. Dabei sind bei den Untersuchungen im Abdominalbereich, einschließlich LWS, Becken, Niere, Magen, Dünndarm und Dickdarm, möglichst Systeme der Klasse 400 einzusetzen.

Die angiographischen Untersuchungen sollten mit hochempfindlichen Film-Folien-Kombinationen und vertretbar hoher Aufnahmespannung durchgeführt werden. Bei den Durchleuchtungen, speziell bei angiographischen Untersuchungen, sollte eine Überprüfung der Kennlinie der Dosisleistungsregelung erfolgen, um das Arbeiten mit unnötig niedrigen Spannungen wegen der erhöhten Strahlenbelastung möglichst auszuschließen.

Die Möglichkeiten zur Dosisreduktion durch Optimierung der Untersuchungstechnik sind in Tabelle 5 aufgeführt.

Tabelle 4. Empfehlungen zur Aufnahmetechnik bei Röntgenuntersuchungen der einzelnen Organe/Körperregionen. Hochempfindliche Film-Folien-Systeme (FFS), angegeben in Empfindlichkeitsklassen (S) und adäquate Aufnahmespannungen (kV_p)

S	K_s	kV_p	Organe/Körperregion
100	10	50 ± 10	periphere Extremitäten
200	5	75 ± 10	proximale Extremitäten, HWS, BWS
400 (800)	2,5 (1,25)	80 ± 10	LWS, Becken, Abdomen, Niere
200 (400)	5 (2,5)	120 ± 20	Thorax
400	2,5	100 ± 15	Magen, Darm

S = Empfindlichkeit des FFS; K_s = Dosis in μGy; kV_p = Aufnahmespannung

Tabelle 5. Möglichkeiten zur Reduzierung der Patientendosis

Technische Verbesserungen	Reduktionsfaktor
Hochempfindliche FFK	2,0–4,0
Spannung (kV_p), Filterung	1,5–2,5
Angepaßte optische Dichte	1,3–2,0
Optimierte Filmverarbeitung	1,2–2,5
Einblendung und Abdeckung	1,5–3,0
Fokus-Film-Abstand	1,3
Indirekttechnik	2,0–6,0
Gonadenschutz	2,0–100,0

Die Erfahrungen der „Ärztlichen Stellen" zeigen, daß die Spielräume zur Verbesserung der Bildqualität und zur Herabsetzung der Strahlenexposition groß sind und die Empfehlungen der Ärztlichen Stellen allgemein angenommen und verwirklicht werden.

Literatur

Bronder T, Heinze-Aßmann R (1988) Quantitative Bewertung von Film-Folien-Kombinationen für die Röntgendiagnostik. Phys Med Biol 33:529–539

Bunde E, Schätzl M, Lissner J, Ribka A (1985) Qualitätskontrolle bei Röntgenaufnahmen. In: Stender HS, Stieve FE (Hrsg) Qualitätssicherung in der Röntgendiagnostik. Thieme, Stuttgart, S 163–175

Gadeholt G, Geitung JT, Göthlin JH, Asp T (1989) Continuing reject-repeat film analysis program. Europ J Radiol 9:137–141

Göthlin JH (1986) Analyse eines Qualitätssicherungsprogramms. Radiol Diagn 27:45–50

Henshaw ET (1985) Quality assurance in practice – a critical appraisal of what is effective. In: Criteria and methods for quality assurance in medical X-ray diagnosis. Brit J Radiol [Suppl] 18:142–144

Hoeschen D (1987) Bildqualitätsparameter von Folien-Film-Kombinationen. Röntgen-Bl 40:193–199

Knedel H, Weberling R, Hagemann G (1981) Signal-Rausch-Verhältnis, Auflösung und Dosisbedarf zum Qualitätsvergleich neuer Vestärkungsfolien in der klinischen Radiologie. Röntgenpraxis 34:168–175

Leitlinien der Bundesärztekammer zur Qualitätssicherung in der Röntgendiagnostik (1989) Dtsch Ärzteblatt 86:2021–2028

Paakkala T (1982) Quality of roentgen examinations by non-radiologists in a health center and need for roentgen diagnostic consultation and training. (Acta universitatis Tamperensis, ser. A, Vol. 132) Tampere

Quality criteria for diagnostic radiographic images (1989). In: Optimization of image quality and patient exposure in diagnostic radiology. BIR Report 20:271–280

Schober H (1967) Bildschärfe und Bildkontrast. In: (Handb. med. Radiol., Bd 3) Springer, Berlin Heidelberg New York

Stender HS (1980) Zur praktischen Qualitätssicherung in der Röntgendiagnostik. Röntgen-Bl 33:618

Stender HS (1986) Diagnostische Qualitätskriterien für Röntgenuntersuchungen. Radiol Diagn 27:23

Stender HS, Oestmann JW, Freyschmidt J (1989) Perception of image details and their diagnostic relevance. In: Optimization of image quality and patient exposure in diagnostic radiology. BIR Report 20:14

Stieve FE (1986) Der Prozeß der Optimierung der Strahlenexposition in der Anwendung ionisierender Strahlen in der Medizin. Radiol Diagn 27:1

Stieve FE (1990) Physikalische Parameter der Abbildungssysteme und ihre Verwendung bei der Beurteilung der Bildqualität. In: Stender HS, Stieve FE (Hrsg.): Bildqualität in der Röntgendiagnostik. Deutscher Ärzte-Verlag, Köln, S 36

Tuddenham WJ (1963) Problems of perception in chest roentgenology: facts and fallacies. Radiol Clin N Amer 1:277

DIN-Reihe 6868 Teil 1 bis 8 und Teil 50 bis 55. Sicherung der Bildqualität in röntgendiagnostischen Betrieben. Beuth, Berlin

Sachverzeichnis